见"微"知著，瞬间读懂别人心，终生享用好人脉！

微反应

读心术

左:凝望注视
右:思考

左:满意笑容
右:淡淡微笑

:忧虑的凝望
:观察的注视

左:怀疑中的思考
右:怒目的神情

左:滑稽的微笑
右:目瞪口呆

左:惊奇吃惊
右:冷漠的眼神

郭志亮 编著

WEIFANYING
DUXINSHU

台海出版社

图书在版编目(CIP)数据

微反应读心术 / 郭志亮编著. --北京:台海出版社,2012.3

ISBN 978-7-80141-933-0

Ⅰ.①微... Ⅱ.①郭... Ⅲ.①反应(心理学)-通俗读物

Ⅳ.①B845-49

中国版本图书馆 CIP 数据核字(2012)第 026717号

微反应读心术

编　　著:郭志亮

责任编辑:孙铁楠

装帧设计:天下书装　　　　版式设计:通联图文

责任校对:唐　霁　　　　　责任印制:蔡　旭

出版发行:台海出版社

地　址:北京市景山东街20号，邮政编码:100009

电　话:010-64041652(发行,邮购)

传　真:010-84045799(总编室)

网　址:www.taimeng.org.cn/thcbs/defauit.htm

E-mail:th-cbs@163.com

经　销:全国各地新华书店

印　刷:北京高岭印刷有限公司

本书如有破损、缺页、装订错误,请与本社联系调换

开　本:710×1000　1/16

字　数:160 千字　　　　印　张:16

版　次:2012 年 3 月第 1 版　　印　次:2012 年 3 月第 1 次印刷

书　号:ISBN 978-7-80141-933-0

定　价:29.80 元

【前言】

微反应，百闻不如一"见"

1

人类具有完善的语言系统和敏锐的思维能力，按说与人沟通不是什么难事，但是我们都知道与人打交道的难度超过与任何一种其他生物，因为任何一个人都会隐藏自己内心，或深或浅，或是善意之下的自我保护，或是征服之前的老谋深算。

但是，微反应是每个人在遇到有效刺激的一刹那产生的瞬间反应，它从人类本能出发，不受思想的控制，无法掩饰，也不能伪装。再能"装"的人，遇到有效刺激之后的第一瞬间也会出现微反应。

因此，微反应是个人内心想法的忠实呈现，是了解一个人内心真实想法的准确线索。

研究报告一再指出，大多数人喜欢观其行，而非听其言，尤其是忙碌不堪的现代人。也就是说，人类的沟通方式，有时是透过肢体所传达的无声讯息，而不再是嘴巴说出来的言语。所以不管是有意或无意，我们会把他人的言行尽收眼底，在潜意识里判断他人是敌是友；同样的，别人也做着同样的事情，判断我们是敌是友。

因此，我们要懂得怎么控制自己的举止，尤其是那些不经意的小动作，才不至于给旁人留下不正确的印象。

2

人生就是一个大舞台，我们都是演员，虽然角色一直在变换，但是我们最应该演好真正的自己。

一个好演员必须懂得用微反应——看穿别人的心，进一步将自己打造成"高手",带动观众融入剧情,让他们不知不觉地相信剧集里演的都是事实。

我们必须要有绝佳的演技,才能传达正确的讯息。

如果让旁人觉得你的言行不一,那么你就不会得到信任,更不会得到朋友。

请不要以为这是在演戏,很多时候,一些我们自己都难以察觉的小动作,会有效地强化或歪曲我们的原意。

许多研究报告也显示,大多数的成功人士之所以成功,往往是因为他们懂得从他人的细微动作里,读出别人的内心世界。

俗话说"百闻不如一见",在仔细阅读本书之后,你能懂得这世界无声与有声之间的微妙关系,能在未来的人生路途上,知己知彼,百战百胜。

只要你不是独居荒岛,那么这本书就属于你,因为你每天都要接触其他人,需要沟通。如果你觉得自己很忙,没有时间系统地学习,那么这本书正好提供了一条捷径——让你在最短的时间内,吸收最实用的微反应。

3

如果你读懂了全书中的八种"微反应",也就是说,你掌握了正确了解人心的技巧。

与此同时,你一定会知道如何控制自己——让自己的肢体不要胡说八道!

更重要是,你知道如何应用它们——

如果你是初出茅庐的新人,掌握冻结反应可以帮助你获得一份理想的工作;

如果你是职场"菜鸟",你可以利用爱恨反应来编织自己的关系网;

如果你想升职加薪,除了准备好迎接战斗反应,还必须合理地利用仰视反应;

如果你是一名团队管理者,那么你是否注意到团队里的"领地反应",并用此来推动团队的合作和进步?

……

最后,无论你是什么人,你都必须面对胜利和失败,你都必须在成功的路上经历一次一次的"胜败反应",并理智地对待它,调整自己的心态!

目　录
CONTENTS

> 突如其来的刺激，会让人瞬间出现短暂的停顿——心理学上称为"冻结反应"是人在受到意外刺激时的第一反应。
>
> 意外的刺激是测试"冻结反应"的有效手段——如果在一个问题后，对方出现瞬间的行为停滞，说明这个问题"扎"中对方了。
>
> 所以，操控好冻结反应，我们就能在第一时间，用来看清状况，判断对策。尤其是在求职面试中，很多年轻人正是不懂得隐藏自己的冻结反应，而让面试官一眼瞧出弱项，很狼狈地被刷下。
>
> 掌握了冻结反应，不但在求职面试中可以避免暴露自己的弱项，也可以通过观察面试官的冻结反应，来找到对自己有利的点。

第二章　迎接"战斗反应",学习职场明暗战的技巧

　　　在战争条件下,会使军人产生极大的心理压力。如惧怕受伤、对以后可能变成残疾的忧虑、战友被枪炮打死的场面、长时间精神和躯体过度疲劳等,常常造成强烈的心理反应。使患者不能再战斗或工作现象,称之为战斗反应。

　　　如今虽然不是战争年代,但生活中,战斗无处不在。因为,生活中的意外总是不可预测的,即使我们做好再充分的准备,它也会出其不意地出现在我们的面前,让人手足无措。

　　　工作中的难题,感情中的意外,总在向我们发起战斗的信号,你是妥协还是挑战?光是祈求并不能解决问题。幸运的是,我们可以通过战斗反应,来逆推出一些实用的技巧,学会迎接战斗,学会自我保护,就可以帮助我们冷静应对意外事件。

在恋爱与婚姻中最常见的爱恨反应,我们每个人都能列举出很多事例,但你不知道的是,在职场暗战中也同样潜伏着这些微妙的爱恨反应,虽然不若生活中那么一目了然,但只要你仔细观察,就不难发现这些暗潮汹涌的职场爱恨微反应。

人和人身体间的距离,可以体现出彼此之间的心理距离。从职场中同事们的亲密无间到对厌烦者的避之唯恐不及,身体距离远近可以透露出内心真实的爱憎倾向。如果两个人之间的距离始终无法靠近,那么就可以判断回避对方的心理状态为排斥或厌恶。只要你熟练掌握了这些爱恨距离间的微妙反应,就能轻松地编织出一张庞大而牢固的职场关系网,并在职场暗战交错中游刃有余、大获全胜。

远古时代的逃离是跑,现代社会的逃离多数则比较隐晦。

如果面对的刺激具有威胁性(可能伤害到自己),而自己又没有改变局面的信心,我们就会出现逃离反应。进一步讲,如果面对的人或者事物,感受到"厌恶或恐惧",也会产生逃离反应。

这些逃离反应很细小,可能只是:挖鼻孔、抿嘴唇、手托着头、咬指甲、手遮着嘴说话、随便叹气、边说话边摇椅子……可能,很多时候你都是无意识地做了,但是别人在眼里,那就理解为你打算"逃离"了。

了解逃离反应,最重要的一点应用,就是能让你在商务谈判上,更清晰地了解对方的意图。帮你成谈判桌上的读心高手。

如果对话的情境可以确定存在某种压力,那么安慰反应可以映射出此刻该人当时的内心状态——不舒适,会"下意识"地寻求安慰,这就是安慰反应,它是人受到负面刺激(批评、压力、否定等)后可能出现的反应。

当我们害怕的时候,大脑会发出信号——"不怕不怕,安慰我一下"，也许你自己并没察觉——轻轻按摩一下颈部、摸一摸脸或玩弄一下头发，这些动作完全是自发的。

但是要知道，这些不经意间的小动作流露出你的不自在和害怕，让别人一看就觉得你好欺负——让你帮忙印文件，帮忙打盒饭，坏事都往你身上推，好事却都变成别人的功劳。

如果你不想让别人透过这些动作看出你的脆弱，那就学会读懂安慰反应，并学会藏起你"不合适"的安慰反应，别给人一种"你管理不好自己情绪"的印象。

在与人打交道的时候，要尊重别人的空间，这里既包括私人空间，更包括"权利空间"。一般情况下，不要做侵犯别人"领地"的事情。因为每个人都有"领土意识"。这种意识其实就是一种自卫意只。

这在职场里表现得最为突出。

自己的地盘里，人会表现得放松、自在、威严，还可以丝毫不费力地指挥。

如果有人敢于挑战自己的领地范围，则会引起强烈的警觉和反击。

观察人的姿态和动作，可以判断出其内心是否具有安全感，如果可以激起对方强烈的"不安全感"，说明你已经挑战了他的"地盘"。

在职场上，与同事相处，一定不要冒犯对方的"领土"范围。尽管这种领土意识看起来似乎很荒唐，但在现实中是存在的，你不能忽视它，更不能去冒犯它。在团队合作中，我们更要时时警惕不要误入"雷区"，侵犯了团队伙伴的领地又危及了团队合作的稳定。

将领地反应引入到团队合作中是先人一步的团队管理理念，如何处理好伙伴们亲密无间的合作关系与每个人都想保有的私密领地之间的矛盾，是将来每一个管理者要面对的问题。

进化积累的本能，使得人会仰视比自己高大的对象，蔑视比自己矮小的对象；

反之，人也会本能地尽量抬高自己的身体以建立优势，更会在处于劣势的时候，把自己的身体下意识放低。

所以，观察一个人的体态高低，可以判断出其内心的自我定位；这也是对对方能力高低、地位差异、胜败预测、优劣定位……的综合评价。

仰视反应更多的表现在弱势群体与强势群体的博弈之中。

既然是博弈，自然会有失也有得。

那么，如何让仰视反应从正面散发能量助你在职场一帆风顺？又如何巧妙地利用仰视反应促进你升职加薪的速度？

本章将为你详细解读。

胜败反应，顾名思义，是战斗结束之后的表现。胜利的人趾高气昂，失败的人垂头丧气。

经过战斗之后,你可以通过观察对方的胜败反应,来分析此人心态,还可以用来预测事情未来的走向。

但是生活中,没有绝对的胜利,也没有绝对的失败,大多数时候,我们都处于胜利和失败的边缘,于是,我们焦虑,我们患得患失……可能我们觉得自己掩饰得很好,但是,"微反应"却不会说谎。

所以,我们要从胜败反应,理智地去打造一种对待得失的态度,在胜利的时候,不要张扬得太过火,在失败的时候,不要表现得太明显,如此,我们才能在成功的路上平稳地前进。

第一章

打破冻结反应,求职面试轻松过关

突如其来的刺激,会让人瞬间出现短暂的停顿——心理学上称为"冻结反应"是人在受到意外刺激时的第一反应。

意外的刺激是测试"冻结反应"的有效手段——如果在一个问题后,对方出现瞬间的行为停滞,说明这个问题"扎"中对方了。

所以,操控好冻结反应,我们就能在第一时间,用来看清状况,判断对策。尤其是在求职面试中,很多年轻人正是不懂得隐藏自己的冻结反应,而让面试官一眼瞧出弱项,很狼狈地被刷下。

掌握了冻结反应,不但在求职面试中可以避免暴露自己的弱项,也可以通过观察面试官的冻结反应,来找到对自己有利的点。

最明显的冻结反应
——手、脚、面容的僵化

人在受到意外刺激时,第一反应是减少身体动作,保持瞬间静止,甚至会屏住呼吸,以便看清突发状况并预想对策。从这种身体突然僵住或减弱活动的反应中,可以判断出对方感到吃惊,随后可能产生恐惧、愤怒或者喜悦的心理感受。

一旦感到威胁时立刻保持静止状态,这是边缘系统为人类提供的最有效的救命方法。在动物界也普遍存在这种冻结反应,当突然有凶猛野兽冲过来时,羚羊等动物也瞬间冻结,很多动物——尤其是大多数食肉动物——对移动非常敏感。

生活中,我们遇到现实威胁时,我们也会有这样明显的冻结反应。

1. 双手不由自主地呈拘谨状态

刘烨的首支个人单曲《爱无界》在京举行隆重的新闻发布会时,整日面对镜头的影帝刘烨居然也紧张到一只手拿着话筒,另一只手不知放哪,一会放在身体旁边,觉得不妥,两手一起拿着话筒,觉得不妥又放下,流露出第一次在公众面前唱歌的紧张和不自信。

还有的朋友在照相时,面对镜头比较紧张,身体呈现僵硬状态,手不知道放在哪里。

其实,不自在是一种担忧状态,潜意识中担忧的是不被观众喜欢或者被观众否定。在哪里最自在?当然是家里,因为不用担心。

站在舞台上的人,无一例外都希望自己的内在和外在被观众所接受。而这种担忧,则成为了压力的来源。表情可以强颜欢笑(虽然很假,但可以强行挤出来,而且这也是对自己的一个交代),脊梁可以挺直(当然,这也有很多人做不到),双腿反正负责站立(有事做就暂时不用管它们了),可是手怎么办呢?

这个时候,双手就会不由自主地呈拘谨状态,产生冻结反应。

比如女士常见的动作是将双手拉住置于身前(常被人认为是羞涩可爱状),因为如果不拉住进行相互约束的话,两只手就会跑到身体两边,不知道该怎么摆放了;男士常见的动作是将双手拉住背在身后(常被人认为是成熟或者有秩序感)。

另有几种比较隐晦的动作,看似双手的拘谨有着合理的原因,而且可能很酷,比如将双手插入裤兜。类似的变形动作还有新手主持人用一只手拿住麦克风,另外一只手插入裤兜。这种姿态一般只发生在未经世事(没见过大场面)的较青涩男士身上(年龄可以放大到40岁),他们也认为这样好像是挺潇洒的样子。不潇洒的也有,比如用袖筒将手拢起来,合理解释是冷。有气温作借口,两只手的拘谨就可以藏得很好(当然也有可能是真冷)。

其实,这一类的姿态是借助外力拘谨双手的运动,这些手的反应在具体的情境中,都可以解释为"不知所措"的冻结反应,映射了内心的紧张和焦虑。如果你觉得这样判断太勉强,可以回想一个最简单的问题:什么时候看到过国家领导人在正式场合中双手做插兜状?

这几种手的冻结反应有着其内在的心理规律。扩张的肢体动作表示积极和扩张的心理状态,多样的肢体动作表示丰富多样的心理状态,而收缩的肢体动作则相应代表了隐藏、示弱的消极心理状态。无论把手放在身前身后或插在兜里,其背后的心理状态都是将自己的肢体面积缩小(军人的背手军姿不在此列),或者是减少肢体动作的多样性和被关注程度,以期达到减少被批评否定的目的。

反之,对情境很有掌控感的人,比如一档很受欢迎的电视节目主持人就基本不会在节目中出现手插兜的情况,因为他(她)自信(已经被很多人认可了)。

我们可以想见,老板在自己的地盘里也很有掌控感。当他们训斥下属的时候,是不会把手局限在一个地方或一种姿态的。训练有素的专业演员对表演场地也有掌控感,上台表演或者发言的时候,也不会把手插在裤兜里或者拘束为别的姿态,而是会非常自然地摆放在身体两侧,随着剧情适时运动;手的动作也很优雅,不用担心被诟病。

即使不是拥有掌控感,而仅仅是对情境有安全感,也不会出现冻结反应。比如朋友聚会的时候,真正开心的人也都是谈笑风生、觥筹交错,身体做出轻松随意的姿态和动作,不会拘谨在那里。在这样的环境中,只要有一个人呈现手的拘谨冻结反应,就会看起来特别明显,要么是生疏,要么是自卑,非常容易辨认。

在对局面没有掌控感,没有安全感,担忧(害怕)被否定,不够自信等心态下,会出现手的冻结反应。最典型的反应是把手拘束起来,或者藏起来,普通人的经验是认为他(她)紧张,但其实质是逃避,希望逃避负面刺激。

一旦被测试人出现这样的反应,就说明其心理呈弱势定位,没有进攻趋势,甚至连防御心理都很弱,比较容易实施刺激,而且刺激的效果会相对明显。

2. 把双腿约束成一种不能乱动的状态

站姿中最常见的脚的冻结反应,是双腿并拢挺直,肌肉紧张。在明知不能逃跑的状况下,比如受训或挨批,神经系统受到负面刺激后,不会出现大喇喇地叉开双腿站立的情况,或者完全无所谓的随意站姿,而是紧张地并拢站直,断了自己逃跑的后路,一动不动地承受着接下来的刺激。

此情此景,不动要比动好,因为不动可以将未知情境中的变化可能降至最低,最容易获取到尽可能多的信息,最容易做出有利于自己的决策。如果自己乱动,则无形中将变数和可能出现的负面刺激以几何级数增大,需要处理更多的未知变化,反而增加了自己的负担。这就是为什么高手过招的时候,往往是不轻易出招,一出招便高下立分的原因。

坐姿中最常见的腿和脚的冻结反应,是把双腿约束成一种不能乱动的状态,最常见的是把双脚拘束在一起,或者别在椅子腿后面。

如果你在放松的状态下,故意去做这两个动作,会发现它们还是挺吃力的。而且时间长了之后会让双腿感觉疲劳和酸痛。但是,人在紧张的时候,则会不由自主地做出类似的动作来拘束双脚,呈现局部冻结反应。和手部的拘束道理相同,收缩的肢体映射了收缩的心态,而且借助外力或凭借本力控制住脚,可以减少不必要的动作,从而减少受攻击(批评)的可能性。这种完全消极的等待心态,是实施有效刺激的最佳伴侣。

招聘面试的时候,是观察冻结反应的最佳时机。来应聘的人大致上可以分成两类:一类是没把握的,这类人很多,而且其中不乏符合招聘条件的,但仍然属于蒙头蒙脑瞎撞,最终给别人当了炮灰;另一类是有把握的,这类人很少,因为要做到有把握,自己满足条件只是最低要求,还要对整个局面有把握,比如单位性质、岗位的定位、招聘者习惯等等,当然,有后门的也算。

心怀仰视和祈求的应聘者,无一例外都会束手束脚、语言滞涩(有的台词可能背得很熟,但不能正常交流);而有把握的人,则会看起来很放松、自然,即使两条腿叉开站立,也并不会让招聘者觉得碍眼。如果换成前面那类人,你让他分开双腿站立,比要了他的命容易不了多少,他会认为这样显得很傻、很不尊重,完全不好! 这就是"关乎一心"的差别了。

如果一个在不停摆动和弹动自己双脚的人突然停了下来,那么,你需要注意了。这通常说明,这个人正在承受压力和情绪的波动,或是感到了某种程度的压力。想一想,为什么他的边缘大脑要将他的生存本能调至"冻结"模式?很可能是因为别人说到的事情或问到的问题刺痛了他,而那些问题中包含有他不愿意让别人知道的信息,可能是什么怕被别人发现的事情。脚部冻结是边缘控制反应的另一种表现,是一个人在面对危险时的一种倾向。

当一个人突然将脚趾转向内侧或两只脚互锁时,他传递的信号是,他感觉到了不安全、焦虑或威胁。我发现,在审讯犯罪嫌疑人时,他们中的很多人会互锁双脚或脚踝,这表示他们压力很大。但是,很多人,尤其是穿裙子的女性,都喜欢选用这样的坐姿,不过,当这种锁住脚踝的行为持续得过长时,我们就应该怀疑了,尤其是当男性做出这样的动作时,我们更应该特别注意。

脚踝互锁也是大脑的边缘系统遇到威胁时的一种反应。还有一种现象值得注意,在接受审讯的过程中,说谎的人的脚会长时间保持不动,就像被冻住了一样,或者,他们会将双脚紧锁来限制其动作。有研究发现,人们说谎时会故意限制他们的手臂和腿部动作。说到这里,想提醒你一下,活动过少本身并不能说明什么,它是自制和警觉的一种表现。说谎者通常都会使用这种方法来缓解他们的不安。

有些人还将这样的行为延伸一步,将脚缠在椅子腿上。这种限制(冻结)行为同样说明这个人遇到了麻烦。

为什么腿和脚能够如此精确地反映我们的情绪呢?几百万年前,当人类还不会说话的时候,人类的腿和脚就已经能快速应对周围的威胁,这种反应甚至无须理性的思考。我们的边缘大脑可以确定腿和脚能够在需要时做出相应的反应:停下来、逃走或踢向敌人。这种生存机制是从我们祖先那里继承而来的,非常适合我们,所以至今仍在沿用。事实上,这些古老的反应在我们的身体里已经根深蒂固,即使是现在,当我们遇到危险的事情或不能认同的事情时,我们的腿和脚依然会做出史前时代的那种反应。即,先冻结,然后想办法逃开,最后,如果没有其他选择,只能进入备战状态。

尽管我们用衣服和鞋子遮住了腿和脚,但它们依然是最早做出反应的身体部位,不仅是面对威胁和压力时,还包括面对各种情绪时。我们的腿和脚的确在传递着我们的感觉、思想和感情。我们今天的跳舞和跳跃动作实际上是对几百万年前人们打猎成功后的庆祝仪式的一种延伸。不管是原始部落武士原地起跳的战舞（比谁跳得高），还是一对对情侣热情洋溢的舞蹈，腿和脚传达给我们的始终是一种幸福感，这一点全世界都是一样的。在球类运动中，我们甚至会一起有节奏地踩脚，好让我们的团队知道我们在全力为他们加油。

日常生活中还有很多证据证明这种"脚感"存在。例如，我们可以通过观察孩子们的脚部动作来验证他们的诚实度。假设一个孩子正坐着吃饭，这时要注意观察，当她一心想着要出去玩时，她的脚是如何摆动的，双脚是如何迫不及待地要着地的，尽管这个孩子可能还没吃完饭。父母可能会要求孩子保持原位不动，这时孩子的脚会慢慢远离桌子。她的身体可能会被父母按住，但是她的腿和脚会不停扭动，并使尽力气伸向房门一侧，这准确地反映出了她想要去的地方。这就是一种意图线索。

3. 面容僵化

呼吸、手和脚的冻结，是天然而本能的自我保护反应，用于判断被测试人身处窘境是比较可靠的。一般情况下，面部的反应要克制很多，也就是掺杂了很多主观控制的表现，比如勉强的笑或者惭愧的笑。

但如果负面刺激压力过大，冻结反应也会呈现在脸上，让被测试人失去礼仪和修养的矜持，表现为面部肌肉僵化，表情僵硬，缺少变化。在这个过程中，即使是最灵活的眼睛也会表现得滞涩，虽然因为需要继续观察和接收信息，还会轻微运动，但总体上是盯着负面刺激源，寻找后续的解决方案。

我们最常看到的是面对突如其来的事情时，所表现的面容僵化。比如之前的校车翻车事件，当通知到幼儿家人的时候，幼儿的家人第一反应是面容惊讶,嘴巴张开,眼睛发直。过了一会儿,才仿若反应过来一般,大哭起来。

再比如,你的好友正在前面走,你悄悄尾随在后,突然拍他一下,那扭过头的瞬间也是面容僵硬的,过一会才会埋怨你吓他。

2011年1月23日,天后王菲在台北小巨蛋进行个唱的尾场,本想为自己的台北之旅画上圆满句号,谁知中间突然发生小状况,她所乘坐的椅子卡在半空中摇摇晃晃,椅子更从面对正面舞台观众,渐渐偏斜成90度。令现场观众颇为紧张,前排的粉丝甚至惊得喊出声,半空中的王菲表情也有些僵硬,鼻孔张大。大约3分钟后,设备才重新运作,启动倒退回原位。之后见惯各种场面的王菲很快恢复镇静,继续演唱。但那瞬间的脸部僵硬已经出卖了她,椅子突然停在空中的那一刻,王菲是非常紧张的。

面容僵化明显的表情特点是:

1)嘴角下垂。

2)面部下拉,双唇紧闭。

3)双眉紧锁,有的皱成"倒八"字。

4)鼻孔张大,紧张时鼻腔收缩、屏息敛气。

5)会有张口结舌的动作,或者常常是紧咬下唇或紧闭嘴唇。

最隐晦的冻结反应

通常,人们在听到、看到他喜欢或不喜欢的东西,或者陷入尴尬冷场的时候,或者对于自己正在和你说的话感觉不舒服的时候,都会有不同的冻结反应,只是很多冻结反应是隐晦的,需要你仔细观察,很多冻结反应也是瞬间的,因为它可能发生在千分之一秒之内。这就需要你培养敏锐的"嗅觉"去破冰而出。

1. 屏住呼吸或者减弱呼吸

吃惊的时候本能反应是快速吸一口气，留着备用。但感受到恐惧的时候，尤其是迫于客观条件不能逃跑、不能反抗的时候（比如现代社会的规则、礼仪等），则会出现屏住呼吸或者减弱呼吸的冻结反应。

学生考场之前，通常都要深呼一口气，新歌手上台表演前也会先吸一口气。面对紧张、恐惧，这样的冻结反映很普遍。

某公司员工有一次负责筹办会议，因为诸事繁杂，居然忘记了带会议需要的重要资料。当时领导问他要资料的时候，他吓得瞬间停止呼吸。周围的同事意识到事情的严重性后，整个会场变得异常安静。每个人都控制着自己的呼吸，生怕自己粗重的呼吸会让领导更为恼怒。

请注意，为什么感觉空气犹如凝结了一般？这种最常见的修辞语法来自每个人的细微呼吸。

这种轻微呼吸的远古本质是隐藏，是为了不引起猎手的注意。在被捕猎的过程中，弱势的一方不能战斗（打不赢）则只有逃跑，如果跑得也不快，那就只能藏起来了。而隐藏的时候，如果呼吸不加以注意，气流的流动和呼吸的声音则会把自己的位置暴露给捕猎者，这是非常危险的事情。因此，长期进化积累的本能是隐藏自己的时候会减弱甚至停止呼吸。到了现代社会，视觉上的隐藏，已经很少有人需要了，最多不过是尴尬的时候"恨不得有个地缝钻进去"的心态。但遭到负面压力的时候，心理上还是会希望通过隐藏的手段来保护自己，主动减弱或者停止呼吸，试图减少对手对自己的关注（虽然客观上不可能）。

因此，正常状况下，遭遇负面刺激（比如挨批评）的人是会不由自主减弱甚至屏住呼吸的。

根据这个结论进行推导，如果老板骂人的时候发现，挨骂的家伙居然呼吸剧烈,这是应当留意的反常反应,往往意味着挨批的人有委屈、不服甚至反抗的情绪,需要进一步了解信息。

2. 面部表情失去原有的平衡状态

我们一般可以从一个人的面部表情和动态中,推测到此人当时的心理情况,并能进一步了解到他的性格特征与真实意图。根据人们的日常行为情况,大概有如下几种情形:

如果一个人正在工作时,忽然停下来沉默不语,并明显地流露出不愉快的表情,那么这个人一定遇到了大事,并且是突如其来的坏事。在这种情况下,他因为难以承受一时的压力才表现出失常表情。他属于欲求不满而又缺乏耐性的人,面对事情不能镇静地分析来龙去脉,只是惊惶失措,也不会有什么好的处理方法。这种人的性格比较懦弱,缺乏坚强的魄力,并带有一定的消极因素与守旧思想。这时,这种人最渴望得到帮助,如果你诚心诚意地去帮助他的话,他会知恩图报,并待你为挚友。

像这种表情是一种明显的状态失衡的表情,由于此人内心的矛盾与怯懦,使他的面部表情失去原有的平衡状态。在深受打击的情况下,对于一般人而言,佯装出一种与感情不符的表情来是非常不容易的事情,一般人的心理承受能力也是有限的。内心的剧烈活动,会造成脸部肌肉发生连锁性反应,相应的表情变化也随之产生了。

如果某个职员对公司上司有所不满,但又敢怒不敢言,他就会装出一副毫无表情的样子,做事情毫无激情。此时,作为领导的就要善于观察下手的表情,以便及时纠正自己的失误。

另外,还有两种毫无表情的情形。一种是漠不关心,另一种是根本没有放进心里去,不屑一顾。此时你最好不要打扰他,或与他谈论什么事情。当然,也有相反的情况,有的人本来是一团热火,可表面上就是一块冷冰,他是不愿让人轻易看出来。

3. 破冰而出——击破晦涩的冻结反应

1)抓住无意识情态

我们的表情时常在隐瞒或伪装自己,因此,要探知一个人的真实情感是很困难的。不过,当一个人表面上装得若无其事,以克制自己的情感时,其心理线索仍然是有迹可循的。

我们可以设想一下要控制发怒或忍耐不愉快的事,精神会绷得很紧,表情也会随之僵化,甚至出现面部痉挛。这种心理状态和一个吹胀的气球类似,也就是当用手捏住一个地方,别的地方就会鼓起来了。所以当我们在情绪高昂时,精神的紧张度有所增加,这时如果内在的情绪没有外露,肌肉就会变得紧绷,必定会通过某些细节表现出来。如过分地皱眉、不停地眨眼、不正常的面部抽动、鼻尖出现皱纹等,这都是被压抑的情感在无意识地表露。总之,通过这些不均衡的表情,我们可以初步判断这个人正在隐瞒自己真实的情感。

2)抓住瞬间的"微表情"

谎言在人的生活中非常普遍,因为谎言能掩饰人的真实想法,从而博得别人的好感。所以普通人10分钟说3次谎就不足为奇了。

掠过脸上的细微表情往往暴露出说话人真实的感情。看破谎言的关键在于对脸部和手部动作的观察,特别要注意眼和嘴周围肌肉的动作。比如说,当人觉得自己撒谎成功的时候,嘴角会微微上翘。这种被称为"微表情"的表情只持续不到1秒。只要善于发现,就能经常注意到这种"微表情",比如说谎时面目表情不对称、频繁眨眼等。

当一个人试图唤起自己的记忆回答问题,他会把目光暂时移开;如果撒谎时,他早有准备,不用唤起记忆,目光则不会移动。过去,我们觉得一直注视我们说话不移开眼光的人是真诚的，说谎的人不敢看着对方。实际恰恰相反，越是心里"有鬼"越倾向于看着对方说话。

还有人"睁着眼说瞎话"，明明清楚对方提出的问题，却说"我怎么知道"，此时多半他(她)的一边眉毛正往上扬。

面试时,藏起这些错误的冻结反应

面试可谓是观察冻结反应的最佳时机，很多人都经历过难以忘怀的面试过程。平心而论，在面试这个平台上，双方的地位上是不平等的——我们不知道面试官会出什么样的牌，也不知道哪一句话不慎就触动了面试官敏感的神经，更重要的是：面试官有随时拒绝我们的权利,我们却没有选择面试官的权利。

1. 挖掘冻结反应的根源——面试恐惧症

英语专业毕业的燕子想应聘一家教育机构的英语教师，就投了一份简历,第二天就接到了面试通知。那天,去面试的有五六个人。

由于是第一次面试,燕子感觉到自己的心在扑通扑通地跳，两条腿不听使唤,抖个不停。轮到燕子时,她一进门,双手、双腿和嘴唇就开始神经质地发抖,自己完全控制不住,脸色白里泛青,额头上满是细密的汗。下面坐着的一位主考老师见此情景就皱了一下眉。燕子最终还是走上了讲台,总算凭借着自己的英语底子把十五分钟挺下来了。结果可想而知,燕子没有被录用。对方说:"虽然你的英语水平足够高,但试讲的时候,语速太快,进度太快,下边的学生反映他们听不懂。很明显,你太紧张了。"

半个月之后,燕子又接到了一个面试通知,她激动万分,满口答应一定会准时到。可能是因为激动过头了,面试公司的地址虽然记得牢牢的,面试时间却搞错了,把周一下午四点记成了周四下午一点,就这样一次难得的面试机会又被错过了。后来又有两个面试机会,燕子因为害怕失败,选择了退缩,甚至都没有参加面试。

再后来,燕子又去面试过,每次面试的时候,还没进门就已经脸红出汗、表情凝重、声音低沉了,总是把非常有把握的问题说得非常简短,没把握的问题更是语无伦次。于是,她求职总是被拒绝。她想过考研充电,但听说考研复试也需要面试,又放弃了这个念头……

你是不是也和燕子一样,一提到面试就心生恐惧,一进门就两腿颤抖、浑身僵硬呢?

随着就业竞争日益激烈,一个职位多人竞争已经成了很常见的现象。当然这也是用人单位为了选拔出最适合的人才,从而保证招聘质量所作出的必然考虑。面对这种僧多粥少的局面,面试成了决定能否应聘成功的重要关卡。

这种密集型的竞争压力,必然会给那些不够自信的求职者带来重重障碍。其中,有些人会因为一次面试失败,就对面试产生惧怕心理,等下一次面试时,比上一次更加紧张,于是由于面试多次均被拒之门外,就陷入了一种恶性循环;还有些人,平时很少有机会在社会上锻炼,要么就是过于内向、过于腼腆,一到陌生环境,见到陌生面孔,就心生紧张,这些都是产生"面试冻结反应"的基本原因。甚至可以说,每个人都有不同程度的"面试恐惧症"。

从心理学上说,它是因为周围有不可预料、不可确定的因素,导致的一种无所适从的心理或生理的强烈反应。恐惧只是一种情绪,是一种人们企图摆脱、逃避某种情景,但是又无能为力的情绪体验。

对于求职者来说,没有人能知道自己今天的表现是否会被面试官认可,能不能进入下一轮的复试,有没有机会将竞争对手一一击败,把被竞争的岗位"据为己有"。"面试冻结反应"就是这样一种担忧的心理反应。在这种心理反应的副作用影响下,一些面试者会紧张不安,面红耳赤,表情凝重,声音低沉,双腿哆嗦,嘴唇震颤,手心、鬓角出汗,不敢大声讲话,不敢和面试官对视,严重的甚至会产生呕吐、眩晕感。

实际上这是对面试的一种非理性的、不适当的担心和焦虑。毕竟能否入围,充满了不确定性,这种不确定性,让屡战屡败的面试者们一面对这种场合,就会莫名其妙地产生一种极端的恐惧感,甚至会千方百计地躲避这种环境。

今天的竞争如此激烈,每个机会都来之不易,我们应该好好把握,不能轻言放弃。这种对于面试的恐惧,完全是个人自身的原因,要想标本兼治,只能从改变自身下手,通常多经历几次,见多识广了,"面试恐惧症"也就痊愈了。

心理学研究表明,当一个人身处陌生环境的时候,会觉得缺乏安全感,并因此感到紧张不安,甚至是难以名状的恐惧、对抗。对于面试者来说,基本上面试的地点都是比较陌生的,甚至从来都没有听说过。那么要营造一个好的心态,避免自己一进门就表现出恐慌,最好能够提前到达面试现场,比如提前十几分钟,在这段时间里你可以熟悉一下周围的环境。提前到达,可以舒缓紧张的心情,整理一下自己的思路,检查相关资料。从另外一个角度上来说,可以避免面试时迟到,没有人会欢迎没有时间观念的人。

所谓"心病还需心药医",从根本上说,对于面试的恐惧还是由于自己的心理原因造成的,因此要想彻底有所改观,必须从这个方面入手。

首先,应该淡化成败意识,要有一种"不以物喜、不以己悲"的超然态度。这样你才能在面试中处变不惊。毕竟就算是每个人都很优秀,也不可能全部到同一家公司就职,更何况你的相关条件未必和对方要求的相符;另外,每个人都有自己的审美角度,对一个人来说,你是人才,换成另外一个人,你未必就能入对方的"法眼"。如果只想到成功,不想到失败，在面试中遇到意外情况，就会惊慌失措，这样的表现是绝对不可能被对方垂青的。

其次，应该时刻保持自信，只有始终给自己打气，对自己说"我很优秀"、"我很棒"、"我一定能成功"之类的话，才能够在面试中始终保持高度的注意力、缜密的思维力、敏锐的判断力、充沛的精力，最终获得竞争的胜利。

此外，作为应试者，应该时刻保持愉悦的精神状态，这样面部表情才会和谐、自然，在语言表述的时候才会得体、流畅。反之，满脸愁云，一定会给人一种低沉、缺乏朝气和活力的感觉，给面试官一种精神状态不佳的印象，自然你也就不在备选的范围之内了。

最后，如果你觉得紧张，可以进行深呼吸。在生活中，当一个人不高兴的时候，总是长吁短叹。尽管这种长吁短叹是一种无意的深呼吸，但从心理学的角度上看，它却能够帮助你部分地排解焦虑和紧张情绪。在面试前，你不妨闭起眼睛，连续作几次深呼吸，最好是腹式呼吸，同时暗示自己"我很放松"，来缓和紧张的情绪，放缓快速的心跳，消除身体上的颤抖。

"面试冻结反应"会影响面试者的正常发挥，甚至会让你失去工作机会。如果你患上了"面试恐惧症"，靠自己的能力不能及时调整心态，有必要时应接受心理咨询，尽快克服恐惧症状，以便找到理想的工作。

TIPS 专家支招——冻结反应内部调节法

478呼吸操

面试前的紧张会让你的呼吸变浅，此时的呼吸往往是在利用肺部的旧气。控制自己的呼吸，确保充分吸气，是控制情绪的好方法，同时也是保证血液中气体混合比例正常的最简单的办法。巧妙的做法是给呼吸一个节拍，像做操一样。同时，聚合你的目光，比如注目于手表上的一个点;然后,吸气4拍、屏气7拍、呼气8拍,起到舒缓放松的效果。

意念柠檬

想象你拿着一只柠檬,将所有意念都集中在这只柠檬上。看着鲜亮的黄色,感觉凹凸不平的柠檬表面的纹路。然后想象你拿一把小刀把柠檬切开。听着小刀切下去的声音,注意柠檬汁喷射出来时散发出的强烈香气。这时想象着咬一口柠檬吧。如果你可以清晰地想象出这一场景,你也许会注意到自己正在咽口水。专注的想象已经引起了你的生理反应。你的紧张情绪平复了吗?

嚼口香糖

科学家进行咀嚼与压力关系的研究时发现,咀嚼口香糖能改变人体与压力相关的生理指标,如α脑波与唾液皮质醇水平。国外心理学专家采用脑电图技术发现,咀嚼口香糖能增强α脑波,有助减压。

而英国诺森比亚大学人类认知神经系统科学中心发表了一项新的研究,结果表明,咀嚼口香糖的被试者表现出更高的警觉性、更低的焦虑水平与压力感,唾液中反映机体压力状况的指标,即皮质醇水平也更低。

听音乐

建议你在面试前听一听德彪西的《夜曲》。这是印象派音乐的重要曲目之一,作者用音色、和声与音型构成的斑点的装饰变化,让人在流连缥缈的音符间忘乎压力的存在。

2. 欲盖弥彰,动作太夸张只会让人烦

石磊从网上给远大公司投了一份简历,在简历中他热情洋溢地表达了对远大公司的仰慕,希望能够有幸加盟。人事部陈经理看了他的相

关工作经验,觉得这个人无论从态度上还是从相关经验上都符合公司以往的用人标准,于是亲自打电话通知他来面试。

在会议室,两个人一见面,石磊主动伸出手跟陈经理握手。陈经理按照惯例,让他先进行一下自我介绍,然后彼此询问一些问题,逐渐谈到了销售工作。这是石磊的老本行,而且应聘的也是销售职位,因此一提到销售,他就激动了,说话的时候手上的动作就逐渐多了起来,他豪情万丈地挥舞着双手,以表达自己对新工作的满腔热忱,期间由于过于激动,竟然把他自己带的密封水杯撞翻了两次。

过了一会儿,前台给他送来了一杯水,石磊张开双臂,正要表示自己会在工作中全力以赴,结果一不小心又把水杯碰倒了,会议桌上一下子就湿了一大片。陈经理心想:他可真是太有激情了,但是也有点太过了吧。

不过,考虑到他确实是个人才,而且对自己的公司和销售岗位怀有满腔热忱,陈经理还是考虑聘用他。于是石磊如愿以偿地得到了这份工作。

但是好景不长,刚刚过了半年,石磊就辞职了,因为他对远大提供的薪水不满。陈经理对同事说:“说实话,他对我们这个行业其实一无所知,是没有办法做好销售的。现在仔细想想,当初面试的时候那些神经质的手势,明明表示这个人对自己的能力缺乏信心。我现在真有点后悔当初作出了雇用他的决定……”

美国心理学家通过实验表明,一个人在说话的时候,通过一些手臂动作或手势,能够帮助自己把所要表达的意思传达给听者,而且,做手势能减轻说话者的心理负担。举个常见的例子,比如谈到某些需要更多记忆存储的话题时,拍拍脑袋往往能让自己回想起更多内容。

说话时做出一些手臂动作,可以说是人的一种生理本能,如果需要加大对某件事情的形容和力度,很自然地就会辅之以特定的手势,而且说话的时候做一些手臂动作,还能让人感觉你比较活泼,这样谈起话来不至于那么拘谨。

但凡事都有一个度,手臂动作也一样,如果太多、太频繁,像石磊一样,动作幅度已经超出了一定的范围,甚至有些忘乎所以,只能分散对方的注意力,让对方迷惑"你到底要说什么啊"。

从另外一个角度来说,你和面试官基本上是初次见面,彼此之间还没有熟悉到不拘礼节的地步,这时候手臂动作过于夸张,对方不一定能够感觉出你和他谈话很高兴,反而会觉得你这个人对他不够尊重,连最起码的礼貌都不懂。

通常,人们在形容一个人不耐烦的时候,常常会说他"烦躁地挥了挥手臂",如果在面试的时候你频繁地挥动手臂,不仅会影响双方的目光交流,"拐走"面试官的注意力,还有可能让他觉得你对今天的面试已经厌烦了。一旦由于你的失控动作让他得出如此结论,恐怕接下来只能让他草草收兵,面试结果也就可想而知了。

手臂是肢体中使用最多、动作最多的部分,可以完成各种各样的手语、手势。因此,难免得到众多目光的眷顾。如果手臂的"形象"不佳,整体形象将大打折扣。从心理学的角度来讲,说话指手画脚、双臂乱挥体现出了一个人的性格,即这种人虽然工作起来激情四溢,特别有干劲,但是对探听他人秘密的兴趣特别浓厚,自己知道了的事情,会迫不及待地传播出去,因此这样的人可能还没有面试就已经成了对方拒之门外的对象。

但是恰恰有些求职应聘者,就是不知道面试的时候两臂应该放在哪儿,应该摆一个什么样的造型,于是有的人局促不安,双臂交叉抱在胸前,像是要保护自己不受伤害;有的人过于兴奋,不但侃侃而谈,而且舞动双手……在面试的时候,这些姿势都是不可取的。类似的一些小动作,会显得你紧张、焦虑、烦躁,没有把心思放在交谈上,也会让人觉得你不够镇定。

在坐下来和面试官面对面交谈的时候,最佳的姿势是腰背挺直,两手相握,两臂平放在大腿上,这是最自然、最标准的基本姿态,或者双手轻轻握拳,把双臂放在腿的附近,或者双手交叠,左手在下,右手在上,放在桌子上。

如果你和面试官谈得比较投机、融洽，可以稍微有些肢体语言，配合一些手势进行讲解或指示，但绝对不要频繁耸肩、手舞足蹈。一般来说，双臂的活动应该锁定在胸前大体与肩同宽、上不超过下巴、下不低于腰部的范围，动作幅度则不宜过大。如果你的手臂幅度过大，显得过于夸张，只会让人厌恶，觉得你像是在挥手赶苍蝇一样。如果超过眉毛则会影响你和面试官的眼神交流，阻碍彼此交流的通道。如果低于胸口，对方看不到你的手势，觉得你是在搞什么小动作，会引起一些不必要的误会。

其实面试的时候不必如临大敌，完全可以把它当成平常朋友之间的交流，你只需要在合适的时候，伸手做出小幅度的动作。当然了，你也不能死死地握着拳头，或者紧紧地抱着双臂，那只会说明你蔑视、自卫、抗拒或思想封闭，不善于沟通和交流，不如将双手分开，手心朝上，自然地放在腿上、包上或桌子上，以表示你的诚实和坦率。

3. 过于自我的肢体语言，只会出卖你的紧张

一家公司招聘财务助理，小米去面试，负责面试的是一个四五十岁的中年男子——财务总监，一开始对小米特别客气，热情地接待她，还给她倒水。小米有点意外，也有点紧张，就不由自主地抖起了脚，财务总监觉得小米总是在动，开始还没注意，仔细一看才知道小米在抖脚，当时就一皱眉。他估计小米可能一会儿会停下来，强忍着不去看，继续面试。可眼睛老是不由自主地转向小米的身体。

终于，财务总监受不了了，暂停了面试，出去喝了杯水。回来一看，小米还是我行我素地抖着脚。又谈了一会儿，财务总监竟然直言不讳地要求小米不要抖脚，小米本来也没意识到，被对方一说，觉得面子上很

下不来,立马跟对方理论了起来。财务总监毫不客气地说:"拿好你的东西,你可以走了。"小米也不示弱:"走就走,破地方,谁稀罕啊!"气鼓鼓地离开了。

基本上,所有的公司在招聘面试的时候都会采取面对面的座谈形式,面试时间从十几分钟到几十分钟不等,坐的时间长了,渐渐地就会感觉到不舒服,会产生一些生理方面的变化,随后心理状态也会发生变化——自制力减退,注意力分散,坐姿会不自觉地发生改变,跷腿、抖脚、踏地面,甚至玩弄衣带、烟盒、笔、名片、纸巾等一些令人反感的小动作也会随机出现。

这些动作,会颠覆之前给面试官营造的有教养、有知识、有礼貌的印象,显得你不成熟、不庄重。

比如,小米面试的时候在财务总监面前抖脚,也许她个人觉得这根本就是一件无足轻重的事,认为这完全是个人行为,只要自己愿意谁都管不着,但是别人会被抖得心烦意乱,比如财务总监很可能会觉得她这个人品行轻浮、不够稳重,完全不胜任财务助理这个职位。抖脚这个动作确实是一种不耐烦或者对别人不尊重的表现,甚至在一些人眼里这是一种没有素养的行为。

如果你在面试官面前有类似的行为,他给你的总体印象分,一定会大打折扣,甚至会对自己原来已经作出的决定重新考虑。

为什么一个人的坐姿好坏会有如此大的影响呢?这是因为坐姿是人向外界传达内心思想感情的重要方式之一。仔细观察和体会一个人的坐姿,可以了解和认识这个人。在面试的时候,正确优雅的坐姿,不仅能够传递出自信、友好、热情的正面信息,还能显示出高雅、庄重的良好风范。反之亦然。

俗话说:"站如松,坐如钟。"面试的时候一定要讲究坐姿,良好的坐姿是给面试官留下好印象的关键要素之一。在面试官面前,要表现出自己的成熟庄重,有意识地控制日常生活中的一些不雅动作和不良习惯,以免因为那些不雅坐姿让自己错失良机。

首先,你应该注意坐的位置。有两种比较极端的坐姿是首先应该避免的:一是紧贴着椅背坐,那样会显得太放松;二是只坐在椅边,那样会显得太紧张。落座之后,最好的位置是坐满座位的三分之二,这样,既能说明你坐得稳当、自信满满,不会因为稍向前倾就失去重心一头栽下去,还能说明你没有过于放松,把面试地点当成茶楼酒肆。

其次,你应该注意上身姿势。要保持头部端正,不要仰头、低头、歪头、扭头。要保持身体直立、端正。双手可以各自扶在一条腿上,或者双手叠放或相握放在自己一条腿上,也可以放在皮包或文件上,双手也可以放在身前桌子上,双手平扶桌沿或是双手相握置于桌上,或者你也可以把手放在椅子两侧的扶手上。

另外,你还应该注意下肢的姿势。最好避免正襟危坐,那样会让气氛比较僵硬,你可以采用垂腿开膝式、双脚内收式、双脚交叉式"摆放"你的双腿,如果是女士可以采取前伸后曲式、双腿叠放式、双腿斜放式等既保险又美观的方式。

坐下之后,为了保持美观,显得大方、得体,不要让双腿叉开过大,或直伸出去,不要抖脚,不要把脚尖指向面试官,上身不要趴在桌子上,双手不要抱在腿上,这样会显得过于随意、懒散、不礼貌。在面试的时候,你可以架腿,但一定要使两腿并拢才行。

4. 手上的小动作透露出你的尴尬

没有来得及找好下家就离开了原单位的郭奕,这段时间正在急急忙忙地赶场面试。一天下午,他接到了两个面试通知,都是他比较喜欢的工作,于是把两家单位的面试一个安排在了上午,一个安排在了下午,中午还能吃个饭休息休息。

事有不巧,第二天早上他的手机突然罢工,定的闹钟没有响,起来的时候已经是九点二十了，于是急急忙忙地洗漱、整理面试用品，到了面试的公司已经是十点半了。他刚坐下，气还没喘匀，人力资源经理就走了进来。还没谈两句，该公司副总又走了进来，想看看面试情况。

郭奕的紧张一下子就到了顶点。介绍自己的工作经验时不时地摸自己的鼻子，尽管自己没有感冒，也不觉得鼻子有多痒。他明显感到那个副总脸上的表情是晴转多云，可自己一点办法也没有，本来昨天做了一些面试准备功课，可早晨一慌乱，全忘了，现在的他脑子里一片空白。不久，头上就冒汗了，自己顺手擦了一下。

副总和人力资源经理耳语了两句，对郭奕说："你们先聊，我出去了。"郭奕有些僵硬地笑着起身打招呼。

剩下的面试简直就是在走过场，对方问了他几个无关痛痒的问题，就匆匆结束了面试，还很客气地说让他等通知。郭奕自己心里明白这不过是客套话，连他自己都已经不抱任何希望了。

一个人在说话的时候摸鼻子，给人的第一印象就是不自信。

你可别小看这种微不足道的小动作，说不定就会因为它造成的负面印象让你在面试途中"折翼"。

一个人在同人交谈的时候，面无表情、全无动作是不可能的，特别是一个人对自己有些不自信，或者想要隐瞒什么，或者撒了谎的时候，手部常常会情不自禁地做出一些小动作。现代科学研究证明，手是人体中触觉最为敏感、肢体动作最多的部位，通过观察一个人说话时的手势变化，往往能捕捉到他内心潜藏的各种信息。

如果一个人不停地用手触碰鼻尖，不管是轻轻地来回摩擦鼻子，还是很快地触摸鼻子，都很可能说明他内心犹豫不决或对自己缺乏自信心，甚至是在撒谎。人们常说"鼻子直通大脑"，人在撒谎的时候，鼻部组织会因充血而膨胀扩大，鼻子会发痒或刺痛，摩擦鼻子是为了缓解这种感觉。但是这种动作，在听者看来，就像那个公司副总看郭奕一样，想当然地就会觉得郭奕是在掩饰什么，自然就会对他产生怀疑。

有的人喜欢在说话的时候用拇指压着面颊，用手掩住嘴。这种姿势也不适宜用在面试过程中，在面试官看来，你是要以这样的姿势压制谎言从口而出。有时只是几只手指，有时用整个拳头遮住嘴巴，但意思都是一样的。

有的人喜欢在说话的时候用手摩擦眼睛。这种姿势往往表示大脑想要遮住眼睛所看到的欺骗、怀疑的事物，或者是想在自己说谎的时候，避免看对方的脸，不与对方目光相接，甚至有的人会往别处看，比如地板、桌子腿、天花板，这些都会让面试官觉得你不够诚实可靠，企图有所隐瞒。

有的人喜欢在说话的时候抓耳朵。这种姿势的基本意思是防止听见一些不好的事情，比如小孩子如果听烦了父母的唠叨，就会用双手捂住耳朵；如果是一个成年人，抓耳朵往往说明这个人比较世故，表示他已经听够了对方的絮絮叨叨，甚至对对方的话感到厌烦，想通过这种姿势暗示对方"该我说话了"。抓耳朵的方式有摩擦耳背、掏耳朵、拉耳垂、盖住耳垂等，但表示的意思基本上都是一样的。

当然了，这些动作在实际的人际沟通过程中，不一定百分之百表示消极的意思，比如说，一个人迷了眼，也会擦眼睛；如果牙痛，也会用手捂嘴；掏耳朵，可能是他的耳朵真的有些发痒。其实真假很容易分辨，如果不是在装腔作势，一般用力会比较大，对方很容易就能识别出来。

既然人们在说话的时候手上总会不由自主地做点儿小动作，不如就让这些小动作成为你的好帮手，帮你展示出充满自信的心理状态。

在与面试官交谈的时候，一定要表示出对对方谈话的关注，要让对方觉得你正在聚精会神地听，因为只有对方感觉到你在关注和理解他的谈话，才会愉快、专心地听你说话，并对你产生好感。你可以把双手交合放在嘴前，或者把手指放在耳朵下，或者双手交叉、身体前倾，以表示对面试和面试官的关注。

你可以手心向上，两手向前伸出放在腿上，手的位置基本上与腹部等高。这种姿势会告诉面试官你愿意接近他并与之建立融洽的关系。它还能够给人以坦诚、真诚感,并使对方觉得你充满热情与自信,而且对所谈问题胸有成竹。

如果你想表示你对所说的内容有相当大的把握,可以先将一只手掌心向下向前伸,然后从左向右做一个大的环绕动作,就像你能用手覆盖住要表达的主题一样,说明一切尽在你的掌握之中。

在和面试官交谈的时候,一定要注意,你的手势不能自信过头,以至于让人感觉受到攻击。比如,当你被问到"为何辞去以前的工作"等比较难于回答的问题时,应将双手重叠、放在一起、手指交叉,摆出一副做祈祷的虔诚样子来回答,不要将双手握得太紧,那会给人扎紧拳头想要打人的感觉。

在面试的时候,一定要避免一些可能让人反感、生厌的小动作,比如玩弄衣角、头发、烟盒、纸笔、名片等分散注意力的物品,不要双手托下巴,说话时不要用手掩口、玩手指头、抠指甲、抓头发、挠头皮、抠鼻孔。因为这些不雅的小动作,往往会给人以注意力分散、不庄重、不礼貌的感觉,会严重损害你的职业形象。

本章链接:观测面试官的"个性"

我们不妨也给面试官来一次"面试",弄清楚他的性格类型,观察他的冻结反应,避开他的雷区并投其所好,可以让你事半功倍。

给面试官面试,要领有两点:第一,是要看清面试官的性格特点,根据他的性格特点采取相应的对策;第二,是要读懂面试官的身体语言,随时把握他的思维动向。

首先,判断面试官的个性。

面试官也是职场上的一分子,很多面试官是从普通职员的岗位上一步步走上来的,因此,根据他们从事面试工作的时间长短,一般可以分为以下几个类型:

初出茅庐型。初出茅庐的面试官大多会在面试的第一轮把关,一般情况下,他们的表现是循规蹈矩的。他们会拿着提前准备好的面试记录表,从第一个问题开始,一直问到最后一个问题。在提问的过程中,他们一般不会对你的回答给出评价,更不会抓住某个问题穷追不舍,问你个理屈词穷。遇到这样的面试官,很多人都觉得倒霉,因为这样波澜不惊地进行面试,很难展示出自己能言善辩的风采。

需要注意的是:如果你因为面试官的年轻而轻视他的话,你这次面试100%没戏了。别看他们看似青涩,手里掌握的权力却不会因为年轻而打折的,第一印象是他们决定面试结果的重要依据,过不了这一关,你纵然满腹经纶,也难以出现在复试的名单里了。

所以,在遇到这样的面试官的时候,你不妨在有限的时间里,把自己最具优势的东西拿出来,让他一下就记住我们的名字。

盛气凌人型。由于面试官处于优势地位,他们手中决定着求职者的生杀大权,所以,有的面试官会在面试过程中体现出高人一等的优越感。这种优越感的直接体现就是他在提问过程中显得非常严肃,似乎随时在寻找我们的漏洞,好把我们一票否决。

在提问的策略上,他们非常注重问题的前后联系,一旦发现你的回答出现逻辑错误,他就会揪住小辫儿,穷追不舍,让你原形毕露、理屈词穷。

对待这种类型的面试官,你不必紧张。他的气势越盛,你就越要冷静,千万不要被他问得吓出一身冷汗来,那样你自己都会觉得彻底失败了。你要镇定自若地回答问题,让他能够感受到:你对他的提问和追问并不慌张,你完全拥有自信和实力。

夸夸其谈型。这种类型的面试官最大的特点不是考问你,而是讲述自己,在面试过程中,面试的问题成了陪衬,面试官和求职者的对手戏成了面试官的独角戏。他会向你大讲自己是如何从一个普通员工成为公司中层的,或者讲公司是如何在他的协助下发展壮大的。

遇到这样的面试官,你不妨耐着性子细细倾听,甚至可以围绕他的讲话问一些容易引起他倾诉欲望的话题。不过,这种类型的面试官所描述的企业前景或许过于乐观，而且他没有最终决定权，他一般不会轻易否决你，但是对你的支持力度也有限，仅仅被作为参考意见而已。

"老奸巨猾"型。用这个词来形容面试官，面试官肯定会不高兴，但是很多求职者常常会倒在这种类型的面试官跟前。这类面试官在跟你谈话的时候，态度非常亲切，就像一个仁慈的长者，让你一下放松下来，其实他们并不是真的想和你拉近关系，而是想从懈怠的背后，看出你本质的优缺点。

在面试过程中，他们不太问些常见的问题，而是像拉家常一样，有时候甚至是东一榔头西一棒子地提问，让你摸不清他究竟想知道什么。但就在这样看似宽松的氛围中，他已经掌握了你最重要的信息，直接可以决定你是不是适合这家企业了。所以，不要看他一直在笑，这笑里，隐藏着太多的不确定因素。

对待这种面试官，你能做的就是保持友好氛围，放松自己心情，实事求是地回答问题，千万不要被表面上的融洽所迷惑，否则很容易掉进他精心设计的陷阱里去。

第二章

迎接"战斗反应"，学习职场明暗战的技巧

在战争条件下，会使军人产生极大的心理压力。如惧怕受伤、对以后可能变成残疾的忧虑、战友被枪炮打死的场面、长时间精神和躯体过度疲劳等，常常造成强烈的心理反应。使患者不能再战斗或工作的现象，称之为战斗反应。

如今虽然不是战争年代，但生活中，战斗无处不在。因为，生活中的意外总是不可预测的，即使我们做好再充分的准备，它也会出其不意地出现在我们的面前，让人手足无措。

工作中的难题，感情中的意外，总在向我们发起战斗的信号，你是妥协还是挑战？

光是祈求并不能解决问题。幸运的是，我们可以通过战斗反应，来谇推出一些实用的技巧，学会迎接战斗，学会自我保护，这就可以帮助我们冷静应对意外事件。

如何知道对方是否进入了"战斗反应"

引发战斗的原因,无论多么具体,都可以归结为在生存和繁衍中遇到威胁——比如"同行是冤家"可以溯源到对生存的威胁;"冲冠一怒为红颜"则可以溯源到对繁衍的威胁。

一旦战斗反应出现,我们除了可以产生愤怒情绪之外,还可以预见到"不会轻易放弃"的行为趋势。

同样,通过对方的"防备机制",我们也可以逆推出对方是否已经进入了"战斗反应",从而提早一步做好准备,而不是到战争爆发后才想着收拾残局。

1. 愤怒——最能表达一个人的内心进入战备状态的情绪

现代心理学认为,人的各种表情、姿态和手势,都是他们个性心理的具体表现。喜怒哀乐都是人的情绪所在,那么最能表达一个人的内心进入战备状态的情绪莫过于愤怒了。

什么是愤怒的微反应?

"滚!"

这就是最好的写照。当员工犯了错误时,老板会这样表达他的态度;当男友有了外遇时,女人会这样表达她的情绪;当子女的行为不可原谅时,父母会这样表达他们的心态,等等。

想一想,当表达愤怒时,人的表情是怎样的呢?

古书有记载:"头发上指,目眦尽裂。"还有成语描述为:横眉怒视、恼羞成怒,怒气冲天,怒从心头起、恶向胆边生。我们也能形象地描述一个人愤怒时的表情:人在愤怒的时候,眼睛瞪的越大,说明他愤怒的情绪越强烈。这个时候人的眼球一般不会转动,而是紧紧地盯着目标物,目似利剑,嘴巴紧闭,咬紧牙关,由于用力地克制着愤怒的表情,你可以看到他的紧张和僵硬,在面无表情的克制过程中,他常常还会出现张大的鼻孔向外粗重的喷气。

眼睛是一个人内心的真实写照,一个人可以通过各种手段和方式掩盖自己的情绪,但是眼睛却是不可能欺骗的。因此,当一个人面部表情紧绷,语言单一,嘴巴紧闭,咬紧牙关,甚至握紧拳头等时,他已经用自己的行为向你表明了他的立场和态度:你的行为已经威胁到我,我必须得教训你!

曾经看过《人与自然》中的片段,当猩猩的领地遇到外界侵扰时,就会用自己的愤怒表达他的态度:它会龇牙咧嘴,挥舞着手臂,朝着对方冲几步,然后停下,等待对方的下一步反应。无论接下来会是怎样的一番情形,它都已经表明了它的立场:如果你敢再朝前一步,就别怪我不客气了!

也就是说,愤怒的根源在于威胁。无论是自然界还是人类,无论是男人还是女人,一旦利益、尊严、自由和人格受到了挑战和威胁,他们会本能地做出类似的反应,在没有接到下一个信号之前,这种愤怒的情绪会造成毁灭的后果,这就是上面所说的:怒从心头起,恶向胆边生。

当人处于愤怒时,浑身的血液涌向四肢,大脑的灰质层会因为供血不足而出现语言单一、失去理智等等情况,人说"冲动是魔鬼"正是愤怒的表现。这个时候对方的愤怒情绪达到最大化,只有通过肢体的发泄才能缓解内心的情绪,比如将某个人痛打一顿,比如摔东西,比如破坏一切所能够破坏的,当然,这样的时刻通常表明自己的愤怒已经无法平息怒火,只有通过战斗和进攻才能化解来自外界的威胁。

因此,当你看到对方,已经怒目圆睁的时候,不要等着他(她)爆发后再来收拾残局,这个时候要服软,首先缓和自己的情绪,然后缓和对方的情绪,并且尽可能地使对方意识到来自你的威胁已经消除,你可以逗对方开心,或者道歉,或者退让,或者宣告投降,如此才能慢慢平复他(她)心中的焦虑,让其逐渐找回安全感和信任感,从而平息一场迫在眉睫的战斗。

2. 防御——通过对方的"防备机制"逆推出对方是否已经进入了"战斗反应"

你想要跟一个朋友借钱的时候,他可能正好手头紧或者心里压根不想借给你,于是你在和朋友谈这件事情的时候,他会表现得漫不经心,到处翻找东西,四处走动,或者东张西望装作等待某个人。这些反应都在向你传达一个信息:他不愿意借给你钱。

这种防御最明显的表现还可以体现在面试中,如果面试官对你的资料和本人感兴趣,他会非常关注你,会提出很多问题,期望更全面的了解你,以帮助他决定是否可以录用你。

当然,你还有这样的经历,就是你的条件一般,在诸多的应聘者中资历平平,面试官翻看你的资料时会草草应付,对你的提问也表现的很淡漠,甚至在你认真回答他的问题时,他起身去倒茶,或者接电话,或者跟别的面试人员交谈,到最后他会用一句话作为这次面试谈判的结束语:"那么,回家等通知吧。"

对于面试官来说,这就是他的阻断反应,他用他的不关注和分散注意力来表现他不想再将这样的面试进行下去,他的这些行为只是走过场,因此他做出各种阻断反应来保全和表达他内心的真实想法。

判断一个人是否愿意透露他内心的真实想法,一个最简单的办法就是观察他的眼神,当他感兴趣的时候,他的眼神是专注的,会长时间的注意你,对你的一言一行都很在意。相反,当他对你不感兴趣的时候,或者说你的言行会影响到他的利益的时候,他会眼神飘忽,注意力摇摆在除了你之外的一切事物上,和眼神一样飘忽的还有他的肢体语言,比如不停的走动,抖动腿和脚,他用这些行为掩饰他内心的真实想法,也用这些行为阻挡和抵触着你的言行。

在商务谈判过程中,如果你听到有含糊或者不明白的地方,请对方重复说一次或者请对方解释其本意时,他表现出东张西望,含糊其辞,或者就此沉默,那么你就可明白,他已经不再让步,或者他已经将他最大的底牌露出来了。这个时候,你可以根据对方的底线和你的目标进行综合分析,做出进一步的判断,确定这场谈判是该进行还是该终止。

要想知道对方是否有防御机制,在更多的了解对方意图和动机的情况下,你只需要保持沉默和倾听,这样一来可以表达对对方的尊重,二来,耐心聆听可以使你更准确无误地了解对方的想法和看法,听出对方的言外之意,感受对方的情绪,洞悉对方的实意,以便于在这场有关利益的战争中处于主动有利的地位。

真正的敌人不是与你谈话的对象, 是"战斗反应"本身

在没有防备的情况下,我们很容易陷入"战斗反应"这样的陋习。于是,双方谈话火药味十足而无法再继续,双方已经陷入了一种作战状态。此时的谈话变成了一场零和游戏,只有胜者和败者之分。

但实际上这样的状态是双方皆输,没有赢者。真正的敌人不是与你谈话的对象,是"战斗反应"本身。你可以学习一些战略和技巧来克服它。

1. 如果你不是第一个挑起事端的人，按照这几点来做

如果你不是第一个挑起事端的人，或者问题无故出现，按照这几点来做，让你说话的内容清晰，语气适中，措辞温和。在战斗产生的时候，你会更愿意得到有意义的结果，并让你的名声毫发无损。

1)尊重你的谈话对象,当然也要尊重你自己

如果你的谈话对象公开挑衅你，那么你要确保你回应的方式不会让你失态，稍后还能为自己骄傲一下。

在谈话过程中，我们都不想表现出不悦、恐惧、气愤、尴尬和防卫等这些负面情绪，有些人在谈话对象面前表现的过于激烈，还有些人抢着打圆场。我们甚至可能看到双方针锋相对的情况。这时，你需要缓和一下：说出你真正想说的东西。这种坏情绪并不会立刻消失。但是，通过实践，你会忽略这种情绪而开始关注讨论的结果。

2)千万别耍阴谋诡计

像撒谎、威胁、敷衍、哭喊、挖苦、吵闹、指责和冒犯等类似的阴谋诡计，都会出现在艰难谈话中。(只是因为你打算避开作战状态，但并不意味着你的谈话对象也这样想。)但是你也有各种办法来应对，包括被动的反攻和主动出击。

再次强调的是，最有效的谈话是双方都保持中立：声明谈话过程中不能耍花招。比如，如果你的谈话对象沉默不语，你可以直接问，"我不知道该如何理解你的沉默。"

3)清楚自己的弱点

如果有些人发现我们的弱点(不管是不是偶然发现的)，想用一堆乱箭伤害我们，这时双方的谈话就很难避免争吵。或许你的缺点跟工作

有关,你觉得你的部门没有得到应有的尊重。或者,这个缺点可能是极为私密的。但不管怎样,找时间想想是什么让你困扰。如果你清楚自己的弱点,那么在别人刺到你的痛处时你就可以冷静面对。

4) 反复排练

如果我们认为一场谈话注定是艰难的,那么就应该主动练习我们要说的内容。但是,艰难的谈话不是演员和观众之间的一出戏。一旦谈话开始,对方的脑海里会浮现一个"剧本",并会在谈话中做出各种反应,这些都会影响你对对方的理解和你的应变能力。

所以,你应该准备几个问题:问题出在哪? 谈话对象对这个问题会说些什么?我希望得到的谈话结果是什么?我希望和谈话对象保持一种怎样的工作关系?

你也可以在开会前要求其他人这么做。

5) 大胆地承认你不知道的东西

乐观的人会认为,谈话中的每一次分歧都是两个善意人之间的误解,而悲观的人或许认为意见分歧实际上是一种恶意的攻击。在谈话遇到阻碍的情况下,我们往往忘记其实我们不必去猜测任何人的意图,只要清楚自己的意图就好。记住你和你的谈话对象都对彼此的意图模棱两可。如果遇到困难,你只要记住这句话就可以了,"在我们谈话的过程中,我意识到我没有允分埋解你对这个问题的看法。"大胆地承认你不知道的东西,这会让你们之间的谈话回到正轨。

6) 明确谈话的目标

任何一场艰难谈话的关键是明确谈话的目标。目标有助于双方达成一个清晰、现实、乐于接受的谈话结果。你希望自己与谈话对象保持怎样的工作关系?仔细思考一下可能对双方造成沟通障碍的问题。

记住,"赢"这个目的并不现实,你的谈话对象并不愿意接受"输"的结果,明确谈话的目标。这样,你就不会因为对方的阴谋诡计或你自己的情绪而失态。

2. 运用战斗的技巧,为自己争取利益

沃尔特·迪斯尼公司的艾斯纳和微软公司的盖茨两位是出了名的暴脾气,但想要什么都能得到。他们可谓是"战斗反应"的最佳应用者,当然,这不是让你靠发脾气给自己捞实惠而出名,而是要你学习如何运用这种战斗的技巧,来为自己争取利益。

技巧一:装糊涂

在运用这一技巧时有下面两种表现:他们要么装作没听明白,要么装作没有听见。比如某个小孩会用逐渐升高的语调说:"什么?什么?什么?!"而其他孩子会出于无奈,接受这样的事实。

举个电话推销的例子。我们通常会和别人进行某种敷衍的对话,而这恰恰是电话推销员所要利用的。所以,你应该做的是立刻阻断这种沟通,可以选择前言不搭后语或干脆就没反应。

用这个技巧的前提是,你不得罪他,不引发你们的战斗,但是,你永远也不会和对方合作。这一点你要想好,要谨慎用,当然,如果在未做好充分准备的时候,你也可以用这个技巧,控制时间为自己争取利益。

技巧二:做自我

这种能力可以帮助你简化和加速谈判过程,因为你不必洞察对方扮演的是什么角色,不必试着去深究他们的内在动机或是在打算什么。如果你能做到保持自我,做到使别人相信你是表里如一的,那么别人就会减少对你的敌意。

技巧三:搞结盟

结盟不仅可以使个体能够互相协作,还意味着人们在工作中没有内耗,也就是说,你不必分散你的智力资源,而是专注于主要目标。但是

你只有了解合作伙伴的要求是什么才能结成联盟。

所以,你要了解他们的需求。很多时候,你会把公司里的某些人看作是竞争对手。你会和他们争办公室空间,争预算,争更好的项目等等。但,一旦确定了谁是和你一伙的,谁是和你作对的,你就得了解这些人,他们的长处和短处分别是什么。这样,你在人数上就有了底气,会胸有成竹地争得你想要的东西。

技巧四:舍面子

准确地说,不必担心"看上去是不是自己输了"。实际上,赢得你想要的东西才是最终的目的,形象和"谁亏谁赚"都无关紧要。在真刀真枪的谈判中,你得想出某种可行的办法,让你的对手觉得他们才是赢家。通过放弃自己不太想要的东西从而让对方感到自己获胜了,你便可以实现自己的目标。

技巧五:不放弃

缓慢而坚定地消除对方的一道道防线,直到他们给你想要的东西为止。只要你保持一定的专业风度并有实在的东西拿出来,便可以通过一次次的要求来逐步摧毁对方设置的防线。商家有时候是赞赏你这种执着精神的,因为这样持之以恒地追求,可以说明你在成为他们的合伙人或顾问时也会如此高效。

技巧六:有想象

大多数对手所用的是一些墨守成规的老套思路,所以你要运用想象力。不要只是自我感觉比别人更有想象力和创造力,而要采取行动。要运用谈判技巧,并且通过自己的肢体行为和情绪把它表达出来,传递给对方。

3. 避开上司"模棱两可"的雷区，以他们习惯的方式消灭"暗战"

我们往往会遇到这样的上司，他说"也许"的意思就是"必须"，他说"可能"的意思就是"一定"，他说"随便"的意思就是"要按照他的意思百分之百地执行"。你永远不能以他的字面意思来领会他的真实意图，否则就会引爆他的怒火。

面对这样模棱两可的反应，需要你快速、有效地去识别他的"雷区"，绕开他的"暗战反应"保全自己。

地雷1：当你们正在为一个问题激烈争执的时候，他会很不耐烦地挥挥手，"好了，你们看着办吧。"

引爆器：你千万不要以为他已经被你们的口若悬河所征服，心甘情愿地放手把决定权交给了你们。他只是对你们迟钝到不能够及时领会他的弦外之音而感到厌烦。

他的潜台词："我的意思你们回去好好想想，想清楚了再来和我谈。"

暗战后果——你真的按照自己意思办理了。当你在心里为上司的放权和信任下属感激涕零的时候，上司却在心里给你记下了重重一笔"目无领导，一意孤行。"

地雷2：如果你们偏巧在茶水间碰上，他像是很随便地和你闲谈。先问候了你的家人，又赞扬了一番你家的宠物，最后轻描淡写地说一句，好像觉得你的座位光线不是太好，建议你不妨去申请一只台灯……等到他随着一股优雅的香水从你身边飘然而去，你却回想不出除了这好闻的香味之外你们还曾说过什么。

引爆器：你最近的账目记得很潦草，他想提醒你多加注意，将心思多用在工作上。

他的潜台词："我不知道你最近是不是有什么麻烦，你的账目最近总是有错。如果有什么问题请尽快解决，我不能容忍你长期这样。"

暗战后果——你在年终得到了这样的上级评语："工作不认真，经提醒依然没有改进。"——可是天地良心，你无论如何也想不起来他在何时何地提醒过你，说了什么。

地雷3："你会速记吗？""会的。""下午的会议上你要发言吧？""没错。""你有没有试过一边开动脑筋，一边做会议记录？""没有过，不过我应该能行。"下午的会议上，你正在专心于其他同事的发言，忽然发现上司正在不断地向你使眼色。你马上醒悟过来，他是要你做记录。你一面手忙脚乱地开始记录，一面在心里抱怨，"见鬼，干吗不早说！"

引爆器：你没有做会议记录，因为没有任何人要求你这样做。你的上司会在几周内冷淡你，并且在心中猜测你不肯做会议记录是不是对公司的福利有所不满，或者在怀疑他有性别歧视的倾向，或者……

暗战后果——下次开会他会请其他人做记录，而且很快的，你会以部门人满为患的理由调离。而且，永远没有人能够告诉你，这是因为什么。

以上列举的只是常见的几种"暗战"，但，想起来就让人不寒而栗。如果是这样"伴君如伴虎"的日子，可能下属们都会出现神经衰弱、焦虑症等"战斗应激反应"。这和战争年代没什么区别了。

但是，毕竟我们不是在战场上，从另一个角度看，这些上司其实并没有那么可怕。他们那些看似不尽情理的表现，其实也在情理之中。重要的是，你要认清他们的心理需求，以他们希望的方式对待他们。

首先，你要了解什么原因引发了他们无穷的"暗战"，人力资源专家认为是"权威度表现低"引起的。

权威度是指对待权威和冲突的态度。每个人的权威度表现分值都各不相同。

分值较高的人在工作中自我坚持，并能很快地表达自己的观点，讲话开诚布公，有竞争意识有力度。

分值较低的人在工作中随和，偏重建议，希望博得他人的好感，避免公开的冲突,刚才说的"暗战上司"就是这样的人。

他们的领导风格——

用建议的方式下命令。

注重关系,较随和。

与人协商时,多愿征求对方的意见。

说话多用"如果""假如你方便……"

他们渴望的人际关系——

他们往往坚守这样的原则:"在布置工作的时候态度要和蔼,因为即使自己态度严厉,也不能减轻下属所承担的责任。"在他们看来,颐指气使凌驾于员工之上不是称职上司的做法,视下属为下等人也是不礼貌的行为,更加不是一种好的管理方法。

因此,他们希望以尽量婉转、友善的态度,让下属知道他们的问题所在,以及他们应该怎么做。露骨地揭短、粗鲁地命令会令他们觉得有罪恶感——仿佛自己变成了专横、野蛮的奴隶主而深为羞耻。所以,他们总是尽量地让自己的话婉转些,再婉转些,甚至到了别人无法领会的程度。

对付他们的杀手铜——

作为下属,你很有必要以他们习惯的方式进行沟通。

如果他说,"果园里的苹果熟了。"

他的意思是,"希望你去及时采摘。"

他没有提到采摘的时间、人数、工具等一系列问题,并不等于他还没有想好要怎么做。实际上他在等你主动和他确认。

"我要在几天内完成?""我要到哪里去领工具?""公司可以给我配备多少人手?"……你要不停地提出假设,得到确认。

需要特别注意的是——

当他在聆听你说话并频频点头时,并不等于他同意你的观点,他只是在说:"我在听,我听懂你的意思了。"至于他是否同意你的观点,你需要再和他确认。

他不喜欢当面冲突,他不反驳你,但并不是说他就接受了你的意见。

权威度表现低的人往往也很有魄力,只不过他的表现方式不同而已,他提出的建议往往就是他想要你做的事。

如何减轻"战斗反应"带来的压力

真正的"战斗反应"的危害极大,它可以直接造成大量非战斗减员,严重影响部队的战斗力。

而且战斗反应发病率高、发病突然、症状复杂、难以预料,可使部队陷入精神混乱状态,影响部队战时稳定。有些战斗反应(如:战争癔症和群体恐慌现象)常以群体发作形式出现,并可以相互感染,一人发作可迅速波及多人发作。

在生活中,战斗反应也会给职场上的人带来焦虑、抑郁等"职场紧张症",甚至还有引起高血压、心脏不适等身体上的疾病,所以,我们必须学会"防患于未然",既然战斗无法避免,那么,做好意外事件的预案,让自己提前有"临战"的心理准备……这些都有助你减轻战斗反应带来的压力,使你在生活和工作中有所提高。

1. 预先想到可能出现的麻烦——做个意外的预案

许多人认为,预先想到可能出现的麻烦是消极思考,是"自找麻烦",但,想想那些专职处理紧急事件的工作人员。工作性质决定了他们必须时刻准备应对麻烦的出现,如果你做了意外事件预案,你的演讲效果会更好,如果你之前进行了周密的计划,那么你就会尽可能地减少谈判失败的可能性……如果你准备了应急方案,并在脑子里预演了多次,你的自信心也随之提高,以迎接挑战的能力也会大为增强!

所以说,意外预案会减轻你心里的压力,使你更好地进行战斗,它是积极思考的一种形式。以下就是做意外事件预案一些基本原则。

设计脱身计划。

意外事件预案的首要原则是:万一有紧急状况发生,必须保证有脱身计划来应对。也就是说预先设想一下这样的场景,并且设计几个备选方案以应对不同的状况。

不要只在脑子里想想,你应该把可能的场景和解决方案写下来。这样不仅有助于思路的完善,而且可以更深入地剖析问题、更快捷地找到解决方案。

在对方发出"战斗信号"后的第一分钟要保持冷静。

当你设计应对方案时,要特别注意出事后的前60秒钟,这是至关重要的。当问题突然出现时,有的人可能会有这种感觉:自己处理得笨手笨脚,但又不得不极力装出一副一切尽在掌控之中的轻松姿态。

注意你的肢体语言。肢体的交流方式无声胜有声,所以你要保持放松。多做几次深呼吸,传递让人平静的信息,而你也将在这最重要的一分钟里保持冷静。

模拟场景训练。

一旦你将各种可能出现的问题和各种应对预案列出详细的清单,那么就该开始模拟训练了。在脑海里重复你的应对行动,并且落实到细节,当然你偶尔也可以进行实景模拟训练。准备应对突发事件花的时间越多,处理起来问题就越容易。

飞行员在模拟机舱里训练,要尽可能仿真地应对各种紧急事件。当多次重复这些训练后,飞行员能够按标准程序来处理类似事件。

处理工作和谈判中的紧急事件也可以用同样的方法来准备。随着对意外事件预案进行不断的完善,你应尽力去设想更多的场景,考虑更有挑战性的局面,直至你觉得自己在各种突发事件面前可以更泰然自若。当你做到了这一点,就为顺利解决各种可能出现的问题做好了准备。

四两拨千斤。

幽默是最有力的武器,当生活中发生矛盾和摩擦时,每当硝烟一触即发时,你最柔软最幽默的力量将他的仇恨化解与无形之中,最后的赢家无疑就是你了。这需要智慧,更需要你能在他发出挑战的微反应第一秒时做出反应。

2. "临战状态"不是压力,而是契机

临战状态,对现代人来说已经成了一种压力,几乎每一个人都在这样的压力下苦苦挣扎,但有些人能将压力转化为动力,从而主宰自己的命运,而有的人在这样的压力之下最终沉沦和灭亡。

关键是看对临战状态的理解,即使像张瑞敏这样的优秀企业家也每天都是临战状态,他曾说:一个有着百年老字号的企业说倒闭就倒闭了,一个曾经辉煌的企业最后不过是昙花一现,谁也不知道明天会发生什么,因此所能做的只有创新和努力。

无论在生活中还是在工作中,大家都希望得到一种安全感。然而在现在这个竞争激烈的社会中,谁都无法将自身处于一个安全的位置,来自外界和自身的压力会让我们充满危机。

例如,在工作中我们常常会感觉到知识危机。我们处在一个知识经济的时代,据统计,全球每天发表的新论文数,一个人穷尽一生也看不完。也许我们在知识的海洋里稍微有所懈怠,就已经落后时代一小步了,久而久之,如果不增加自己的知识,就一定会被时代所淘汰。所以,我们必须不断学习,保持清醒的头脑,持续补充自己的知识,只有这样,

我们整个人才能鲜活起来。

除了知识危机,我们也注意到了职业危机。我们要从这种压力中获得动力,不断追求创新、时刻保持激情,让我们的生活节奏变得更快、更有效率、更加丰富多彩。

保持危机意识,并不是让大家惶恐不安。而是时刻警惕着变化,当变化来临的时候你就不会觉得可怕了。

我们不难发现,越是优秀的人越是抱有危机意识,他们总是对自己不满足,以此作为前进的动力,希望自己可以做得更好,这就是他们之所以优秀,之所以比他人成功的关键所在。所以,我们应该感谢我们时常抱有的危机感让自己在竞争中立于不败之地,让自己可以获得更多的安全感。

沙丁鱼是西班牙人最喜欢吃的鱼类之一,市场需求很大。但沙丁鱼对生存条件的要求很苛刻,它们一旦离开大海,便难以存活。当渔民们把刚捕捞上来的沙丁鱼放入鱼槽运回码头后,过不了多久,沙丁鱼就会死去。而死掉的沙丁鱼味道不好,销路也差。倘若抵港时沙丁鱼还存活着,活鱼的卖价要比死鱼高出若干倍。为了延长沙丁鱼的存活期,渔民们想方设法让鱼活着到达港口。后来渔民们想出一个办法,他们将沙丁鱼的天敌鲇鱼放在运输容器里。因为鲇鱼是食肉鱼,放进鱼槽后,鲇鱼便会四处游动寻找小鱼吃。为了躲避天敌的吞食,沙丁鱼会加速游动,从而保持旺盛的生命力。如此一来,沙丁鱼就一条条活蹦乱跳地到达渔港。

需要注意的是,时刻保持危机感并不是要我们以悲观的态度去看待一切。

要明白,危机感是一种心理状态,聪明的人都善于在逆境下保持危机感,在危机中看到契机。

微软的比尔·盖茨总是怀有危机感:"微软离破产永远只有18个月"。海尔的张瑞敏总是感觉"每天的心情都是如履薄冰,如临深渊"。联想的柳传志总是认为:"你一打盹,对手的机会就来了。"百度的李彦宏经常强调:"别看我们现在是第一,如果你30天停止工作,这个公司就完了。"创建过亚信公司、中国宽带产业基金,担任过网通总裁的田溯宁也认为:"企业成长的过程,就像是学滑雪一样,稍不小心就会摔进万丈深渊,只有忧虑者才能幸存。"

这些身经百战的创业家们都深知缺少危机感的后果。我们每个人的内心也都需要适度的危机感,以使自己保持进取的斗志,保持勇于拼搏的胆量。

孟子说:"生于忧患,死于安乐。"意思是说一个人或一个国家如果保持忧患意识,不松懈,那么便能生存;如果长期安逸享乐,那么就有可能自取灭亡。

正如黑夜和白天总是密不可分,没有黑夜就没有白天,危险和机会也总是并行,机会的背面就是风险。正如哈佛商学院教授理查德·帕斯卡尔所说的那句名言:"21世纪,没有危机感是最大的危机。"

3. 做好自我保护——减轻"战斗压力"的最好办法

有战斗的武器就有防御的盔甲,所以,有战斗反应就有心理自我保护机制,心理自我保护机制普遍存在于人的心理活动中,其功能类似生理上的免疫系统。

当人们由于某种原因将要或已经陷入战斗应激状态时,就可借助心理自我保护机制来减轻或免除内心的不安与痛苦以更好地适应生活。

一般来说,最常见的心理自我保护机制有以下15种,我们先来一一解密。

1)合理化

当人的动机或行为不被社会所接受,或因其它而受挫时,为了减轻因动机冲突或失败挫折所产生的紧张和焦虑，而找一些表面上冠冕堂皇的理由来为自己辩护以自圆其说，当然这些理由是经不起推敲的，并非真理由，也非好理由。但在一定的时候可起到心理保护作用。

2）仿同

这是把别人的欲望、个性特点不自觉地吸收成为己有，并表现出来。被仿同对象总是仿同者尊敬的人或喜爱的行为特征，通过仿同来缓解个人的痛苦或焦虑，同时可借以分享他人成功的快乐。比如，模仿明星造型或行为。

3）潜抑

这是把理智上不能接受的欲望、情感或动机压抑下去。虽然这些欲望、情感和动机没有消失，但人意识不到它的存在，也就不会为此而紧张焦虑了。例如，某一女生近来经常与一男生在一起，于是传言四起，同学们都说他俩在谈恋爱，该女生听了深感冤枉。其实，她内心深处未必就没有进一步发展的愿望，但她理智上却无法接受"他俩在谈恋爱"这一现实，于是就将这种动机潜抑了。

4）投射

这是把自己不喜欢或不能接受的性格、态度、意念、欲望转移到外部世界或他人身上并断言别人有此动机，以免除自我责备之苦。但是习惯于以投射来维持自己心理平衡的人，往往会影响对自己的真正了解，也会影响与别人交往，因此，要恰当应用投射保护机制。

5）反向

这是指一个人内心有一种动机或冲动，承认了会引起不安，结果反而表现出相反的动机或冲动。一般情况下，个人行为的方向与其动机方向是一致的。但有时也会表现出"形左实右"的现象。如有的病人十分关注自己的病情，但在别人面前反而故作无所谓的姿态。

6）躯体化

这是把精神上的痛苦、焦虑转化为躯体症状从而减轻心理紧张。例如，常有神经衰弱的病人否认自己思维方式上的问题，而强调内心的紧张是由于身体衰弱或失眠造成的。

7)置换

这是把对某一事物的愿望或情绪不自觉地转换到另一事物上。例如，在学校被人瞧不起的学生，常把对同学和老师的怨气转到家人身上，以此平静心情。

8)幻想

当遇到无力解决的问题时，把自己置于一种脱离现实的想象境界，企图以非现实的虚构方式来应对挫折从而获得心理平衡，这种保护机制常被弱小者所用。

9)升华

把在现实中无法得到满足的愿望，以某种符合社会道德规范的方式获得满足。例如攻击性的愿望不能随处乱用，但可能从打球或射门中得到满足。

10)补偿

这是指个人所追求的目标、理想受挫，或因自己生理缺陷、行为过失而遭失败时，选择其他能获得成功的活动来代替，借以弥补因失败而丧失的自尊与自信。

11)否定

把引起精神痛苦的事实予以否定，以减少心灵上的痛苦。例如，小孩打破东西闯了祸，往往用手把眼睛蒙起来；妻子不相信丈夫突然意外死亡等等。

12)退化

当人们感到严重挫折时，放弃成人的方式不用，而退到困难较少、阻力弱弱、较安全的境地——儿童时期，无意中恢复儿童期对别人的依赖，而不积极求治自己的疾病，害怕再负成人的责任。

13)转移

指对某一对象之情感，因某种原因(发生危险或不合社会习惯)无法向其对象直接表现时，而转移到其它较安全或较为大家所接受的对象身上。例如,一个售货员或一个服务员因家中一大堆烦恼问题既无法解决又不能向孩子或老人发泄,只好迁怒于顾客,服务态度极差。

14)隔离

把部分事实从意识境界中加以隔离,不让自己意识到,以免引起精神的不愉快。最常被隔离的,乃是整个事情中与事实相关的感觉部分。如人常不说死而说"归天""长眠"等。在心理治疗中,医生注意发现病人使用隔离作用的现象,可帮助找到病人的重大心理问题。因为病人在潜意识中所要掩饰的,正是心理治疗可能针对的问题。

15)抵消

指以象征的事情,来抵消已经发生了的不愉快事情,以补救心理上的不适与不安。例如,按传统习惯,过阴历年时不要打破东西。万一小孩打破了碗,老人则赶快说"岁岁平安"。

自我保护机制一般是无意识地发生作用的,但如果我们能有意识地使用一下,就可以使人在一种新的角色下相对轻松地生活。

事实上,身在职场,再小心的人也避免不了"战斗门"。要用一颗平常心去看待。我们就需要上面说到的"自我保护机制",尽管它有自欺的一面,但它确实是一种心理自我维护的武器,对心理健康具有积极的作用。

另外,我们还会给出一些职场上具体的建议,让你虚实结合,做好自我保护,润滑人际关系,减轻心里压力。

建议一:保持相对的独立

无论你是元老级的人物还是刚入行的菜鸟,越不会被人轻易列入帮派名单。独立相对于一定的团队关系,相对于一定的上下级别关系。相对的独立就是不主动参与是非的传播,不轻易表明自己的角色和立场,做一个自得其乐的中间派。

建议二:利用沉默的权利

歪理被重复101次就可能会被误认为是真理,不幸身在职场中的你又是一个个非常清醒的人,如果违背良心附和歪理可能可以获取所谓的安全,但你的内心一定会有长时间的纠结,所以此时最好的办法就是选择沉默。沉默不代表永远的妥协,也不代表无力的抗争。沉默是智者的声音。

建议三:承认灰度的地带

非黑即白、非白即黑的是非态度已经明显OUT,承认黑白之间的灰度空间不失为应对办公室政治的一个上上策。不要在办公室里轻易评判黑白是非,对错之间不一定有绝对的标准,更何况每个人的视角总有盲区,暂且接受别人的灰色,这样至少能减少不必要的矛盾和争执。

建议四:控制适度的迟钝

不是每一次的快速反应都一定会博得喝彩,你应让自己拥有充分的时间和余地去思考,有时的木讷和迟钝是从困境中解救自己的最好手段。慢一拍发言,慢一拍行动,或许可以让你不掉入复杂的人际关系漩涡,听和看比说和做更有效。尽可能表现出对办公室政治不灵敏的特征吧。

建议五:设定自己的底线

人在江湖,身不由己。有时办公室里的权利斗争会把你在不知不觉中拖入其中,那么尽早设定自己的底线吧,既不利人又不利己的的事情尽量别做,伤天害理的事情尽量别碰。万不得已的权宜之计就是选择不利人但不害人的方法,这样你就可以减少受良心谴责的机会。

建议六:减低所谓的欲望

办公室的众多纠纷和人际不和均起源于人的贪婪之心,无论你追求的是财富还是权利。所以一旦你的脸上写满了欲望,那么就可能被人利用成为制造矛盾的因素。放过自己,减少欲望,一切都会变得简单和从容。

建议七:放低自己的姿态

把自己的姿态放低,永远做个谦虚的"低年级学生",并不忘把这种好学的态度公开表现出来。你应制造没有杀伤力的表象,让他人在"战斗"中忽略你的存在,令自己处于相对安全的环境中。此外你还应在办公室里寻找可以借鉴的榜样,偷偷地学习其生存的本领。

建议八:相信无为胜有为

这是一种很高的境界。不要相信在办公室拍桌子骂人的就是强者,制造声势的人不一定能够构建自己的阵势。不做无为的有为,而只做有为的无为,办公室里得人心的是EQ和IQ并存的人,储存自己持续的能量,选择合适的时机你才能大放异彩。不要让自己的青春丢失在无意义的纷争中。

本章链接:"人值体检"——五十五条战斗要素

只要能坚持这五十五条"战斗要素",相信当你"退伍"时,功力必然为他人不一样。

1.我很清楚人生的意义以及毕生所戮力以赴的目标。

2.我能列举出截至目前为止的五项重大成就。

3.我很明白自己有哪些专长和资源是他人所迫切需要的。

4.我已在心灵上做了充分的自我调适,挥别跑单帮的日子。

5.如果要加入人际关系这条网路,我晓得自己有几把刷子。

6.我平日有拟定短期与长期奋斗目标,并定期予以审视与修改以符合现状。

7.我可以列出一张"网路图",显现出我在这项资源上的多样化与触角纵深。

8.我有本事以一种并不专业化的方式来做自我介绍。

9.在做自我介绍时,我的措辞总是简洁得体、不卑不亢,且能引发对方的好奇心。

10.我与众人相处时非但没有不自在的感觉,而且还能技巧性地打开话匣子。

11.如果在公众场合中发现与对方似曾相识,我会主动再做一次自我介绍。

12.当对方在做自我介绍时(或经别人介绍),我一定会牢牢记住其名字与长相。

13.倘若为了广结善缘而须在某个社交场合做东,那可正是我的拿手好戏。

14.为了替自己的事业扩展出路、打知名度,我会很乐于站出来。

15.在与每个人打交道时,无论其社会地位如何,我总是待之以礼。

16.我的名片是经过精心设计的,能清楚显示我的工作性质。

17.无论在何时何地,我都会携带一叠数量充沛的名片。

18.在情况合宜时,我才会递上名片。

19.我在每一张所收到的名片上都会记载日期以及相关事项,便于日后整理与查核。

20.我每天都会向他人说好几次"谢谢",也会有好几个人跟我道谢。

21.只要是能给予我激励或启发,我都会诚挚地向那个人道谢,包括陌生人。

22.为了避免人际关系之树枯萎,我不时会以打电话,送小卡片,以及送小礼物的方式来向对方表达感激之意。

23.我有专用的信笺、卡片与便条纸。

24.倘若有人善意地伸出援手或向我致谢,我将欣然接受。

25.我已建立起一套既系统又管用的人际关系网,能够随时派上用场。

26.我所收集的名片都经过系统化的整理,而且定期去更新资料。

27.由于时间资源极为宝贵,因此我有一套相当有效的管理系统来监控。

28.我每天都会详细检视当日的工作进度表,并逐一核对施行的状况。

29.我的原则是将眼前的问题先解决,而不是尽量扔到工作记事簿上,能拖则拖。

30.所有的来电,我都会在24小时之内回复。

31.在拿起话筒之前,我会先思索一下待会要说些什么。

32.倘若对方所提出的邀请(会见某人,或是参加某项社会活动等)将会消耗可观的时间与精力,那我会予以婉拒。

33.在参加每一项社交活动前,我都会妥善衡量,以期能把握每一次扩展人际关系与事业的良机。

34.只要有需要,我会主动寻求他人的救援。

35.在开口时,我都会简单明了地陈述要求,而且不会展现一副咄咄逼人的姿态。

36.在与朋友的交谈中,我常会说:"对了,你认识的人当中,有哪个人……"

37.对于别人所提出的建议,我虚心接纳,即知即行。

38.每次和朋友交谈后,我都有种受益匪浅之感。

39.我有参与若干同行、职业性社团或其他民间社团。

40.我目前至少在一个上述的机构内担任干部或顾问的职位。

41.我经常会受人所托,并利用自己的人际关系网来处理这些请托事务。

42."举头三尺有神明,抬头三尺有人际关系。"我会勤于把握每一个机会,让走近我身旁的人都"中计",坠入我的人际关系网内。

43.我会经常评估自己的人际关系网,不断予以扩展。

44.我对自己的直觉深信不疑。

45.对于在人际关系网上的每个盟友,我都会倾全力助他们飞黄腾达。

46.我能提供朋友们一流的服务。

47.朋友们都喜欢向我倾诉他们的心声。

48.君子爱财,取之有道。无论我是本着何种目的去和别人打交道,对方都不难感受到我的那股高尚节操与涵养。

49.我能以开敞的胸襟去面对每个"结缘"的机会。

50.我是公认的人际关系高手,拥有一套千锤百炼的庞大"情报网"。

51.我的人际关系网不仅造就了我自己,也嘉惠了广大朋友,而且影响力相当深远,波及生活面与事业面。

52.我时时刻刻都会以这张人际关系网为念,悉心去照料它,灌溉它。

53.一提到"良好人际关系",朋友就不禁要拿我当宣传品。

54.对我而言,这个世界真是挺小的,只需一片人际关系网就可以"一网打尽"。

55.毫无疑问的,人际关系已深深影响到我的人生观与生活状态。

第三章

利用爱恨反应,编织人际关系网

在恋爱与婚姻中最常见的爱恨反应,我们每个人都能列举出很多事例,但你不知道的是,在职场暗战中也同样潜伏着这些微妙的爱恨反应,虽然不若生活中那么一目了然,但只要你仔细观察,就不难发现这些暗潮汹涌的职场爱恨微反应。

人和人身体间的距离,可以体现出彼此之间的心理距离。从职场中同事们的亲密无间到对厌烦者的避之唯恐不及,身体距离远近可以透露出内心真实的爱憎倾向。如果两个人之间的距离始终无法靠近,那么就可以判断回避对方的心理状态为排斥或厌恶。只要你熟练掌握了这些爱恨距离间的微妙反应,就能轻松地编织出一张庞大而牢固的职场关系网,并在职场暗战交错中游刃有余、大获全胜。

爱恨微职场——亲和疏的距离

什么距离看起来"最美"?

距离,是一种物理现象,更是一种人际学问,它是我们生活中必须面对的问题。

在小小的社交空间中,人来人往,身体的距离该如何掌握?

刻意保持距离,隔得远远的,会被认为太冷漠;

太接近,则可能承担"偷窥隐私"的罪名。

距离不只是物理问题,更是心理的、社会的、影响人与人之间互动的非常深远的问题。

爱恨反应,在亲密与疏远距离的真实尺寸间纵横交错,

异性同事、朋友之间的距离,更是复杂又微妙的……

1. 是刺猬,还是无尾熊——教你观察职场的距离微反应

"过于亲近易生侮慢之心",人与人之间往往因为失去分寸而发生很多的遗憾,其实这都是可以避免的事情,只不过人们通常会因为过于亲近而忘记应守的界限,在说话和行动上乱了方寸,让原本要好的朋友,转眼间变成见面不相识的陌生人。

A:刺猬法则:距离产生美

为了研究刺猬在寒冷冬天的生活习性,生物学家曾经做过这样一个实验:把十几只刺猬放到户外的空地上。这些刺猬被冻得瑟瑟发抖,

　　为了取暖,它们只好紧紧地靠在一起。相互靠拢后,刺猬身上的长刺又让彼此不堪忍受,很快又各自分开了。挨得太近,身上会被刺痛;离得太远,又冻得难受。没过多久,刺猬为了抗寒又逐渐靠拢。经过多次的摸索,它们逐渐找到了一个适中的距离,既可以相互取暖,又不至于被彼此刺伤。

　　这便是心理学上的"刺猬法则",也称作"距离效应",是指人际交往中需要保持恰当的距离,既能保留彼此之间的美好印象,又能避免因为走得太近而带来伤害。

　　人们通常希望同事之间能够亲密无间,上下级之间能够推心置腹。然而,"刺猬法则"告诉我们:距离太远让彼此产生疏远感,不易成为肝胆相照的知己;距离太近容易看到对方的缺点,破坏曾经的美好形象,甚至还会伤害彼此。唯有保持合适的距离,才能维持和谐美好的人际关系。

　　一位心理学家曾做过一个有关心理距离的实验。在一个偌大的阅览室中,只坐着一位读者,正津津有味地看着手上的书。心理学家走了进去,不声不响地坐在他(她)的旁边,试探对方的反应。这个实验重复了多次。结果,在空旷的阅览室中,没有一个被试者能够忍受一个陌生人紧挨自己坐下。大多数被试者很快就默默地远离到别处坐下,甚至有人干脆明确地质问:"你想干什么?"

　　这个实验说明了,人与人之间需要保持一定的空间距离。我们每个人都生活在一个孤立的心理空间中,在这个私密的空间里不容许任何人"入侵",包括你的上司、下属与客户。当这个自我空间被他人触犯时,会让人感到惶恐不安,甚至恼怒起来,而这个自我空间的范围随着人际关系的亲密程度也会有所不同。

　　心理学专家根据人与人之间的亲密程度,将社交区域划分为亲密距离、个人距离、社交距离和公共距离。

　　1)亲密距离。这是人际交往中的最小间隔或几无间隔。近范围在15厘米之内,彼此间可以肌肤相触,耳鬓厮磨,相互感受对方的体温、气味和气息,主要适用于夫妻和恋人;远范围为15~44厘米之间,能够挽臂执手,促膝谈心,主要适用于亲密的朋友与同事。

2)**个人距离**。这是人际交往中稍有分寸感的距离,少有直接的身体接触。近范围距离为46~76厘米之间,仅能保证相互亲切握手,友好交谈,是与熟人交往的空间;远范围是76~122厘米,是与陌生人交往的空间。

3)**社交距离**。这个距离适用于社交性或礼节上的正式交往。近范围为1.2~2.1米,一般适用于工作环境和社交聚会;远范围为2.1~3.7米,表现为一种更加正式的交往关系,如企业或国家领导人之间的谈判,工作招聘时的面谈,保持较远的距离,能够增添一种庄重的气氛。

4)**公众距离**。这是公开演说时演说者与听众所保持的距离。近范围约3.7~7.6米,远范围在10米之外。这是一个几乎能容纳一切人的"门户开放"的空间,人们完全可以对处于空间的其他人"视而不见"。

在人际交往中,相互交往时空间距离的远近,是交往双方之间是否亲近、是否喜欢、是否友好的重要标志。因此,人们在交往时,选择正确的距离至关重要,如果不能把握交往中距离的分寸,容易给别人留下缺乏修养、不知轻重的印象,甚至遭到别人的厌恶。

B:拿捏距离,神秘感凝聚爱反应

每天和你在一起时间最长的人是谁?不是你的亲人,也不是你的朋友,而是你的同事。他和你在办公室面对面,享受共同的作息时间和的生活空间。但当你们有了"公共空间"后,就要注意正确的交往方法。而在别人与你可以保持的距离中,你往往能够体会到其中最直白的爱恨反应:近一点我很喜欢你/我很信任你;远一点我不喜欢你/我在防备你……

和同事过于亲密,就容易让彼此有过高的期望值,就很容易惹麻烦,容易被误解。适当的距离能让你在还不太了解规则时,跟他看起来最美。

很多职场新人刚参加工作时，因为性格开朗立刻就会受到同事们的欢迎。但是，他很有可能因为每日在人际关系中周旋，而使一些正常的有益的私人活动搁置。所以，在办公室里，不妨礼貌待人，努力工作，少参与无聊的闲聊。与同事保持适当的距离，远离纷繁的人际关系之争和"办公室政治"，反倒容易保持本色，简单地生活，快乐地工作。

实际上，神秘感是职场人很好的一个朋友，尝试着和它交朋友，可以让你不必和老板、同事交朋友，却能得到不错的关系，这是一种职业化的沟通技巧。

何倩是一个非常漂亮的女孩，刚参加工作的时候，大家就眼前一亮，也都非常喜欢她。很多同事跑过来找她聊天，或者一起吃饭。大家感觉她不像其他漂亮女孩那样高傲，而是斯文、温柔，让人想亲近。

有一次，何倩参加了一场化装舞会。实在玩得太开心了，第二天上班的时候，何倩就把派对上的一些私密照片发到她的博客上，供朋友们欣赏。本来这是件挺开心的事情。可是，她去吃午饭了，电脑上正好是她那晚的照片。

于是，当何倩吃完午饭回办公室的时候，就看到所有的同事在她的电脑前围成一圈，围观她浓妆艳抹、双眼迷离的照片，这时，何倩的脸红了。

而且，从那一天开始，同事们慢慢和她有了隔阂，因为她的另一面让大家感觉实在是太突然了！

职场中，不要忘记，很多同事可都是很有八卦精神的，甚至有人夸张地说，当你拎着包走进办公室的时候，同事们恨不得能看透你包里所有的东西。所以，千万不要在同事会留意到的博客上发表一些太过劲爆的内容或者在公司电脑上暴露自己的夸张照片。

因为这对职场人辛苦树立的良好职业形象实在不利。当然，你的同事也可以知道你生活化的一面，让他们感觉你是一个懂得工作，也十分懂得享受人生的人，这是很完美的，所以贴些你在海滩上笑得阳光灿烂的照片，才是正确的选择。

而领导者要学会运用"刺猬"法则，保持与下属不远不近的适当关系，既不能高高在上，让人觉得不近人情，也不能与下属称兄道弟，不分彼此。一个优秀的领导者和管理者，要做到"疏者密之，密者疏之"，这样做既可以获得下属的尊重，又能保证在工作中不丧失原则。

法国总统戴高乐有一个座右铭："保持一定的距离！"

在他十多年的总统岁月里，他的秘书处、办公厅和私人参谋部等顾问和智囊机构，没有任何人的工作年限能超过两年以上。他认为，这样的调动能够与自己的下属保持一定的距离感，避免年长日久后，这些身边人以亲信的身份居功自傲，利用总统和政府的名义营私舞弊。

人际交往要保持适当的距离，这样既能避免因为太陌生而产生疏远感，也能避免因为太亲密而带来的防备与尴尬；与员工保持恰当的距离，不要疏远，也不要过于亲密。

距离产生美，只有把握好社交距离的尺度才能达到最佳的状态，也就是让更多的人自发地调动爱反应组成你的正能量关系网。

C：自觉远离恨反应

每天朝夕相处的同事，同在一个时间空间，你注意过该保持一定的"安全距离"吗？当别人竖起硬刺显露恨反应时，你接收到了吗？也许这是一种来自心理的，也是来自人与人身体之间的，它隐形却真实存在。自觉远离恨反应，它是种礼仪，也是种修养，更是种本能。

请你离我电脑远一点

"晓玲，你今天中午去哪儿吃饭？"一个清脆的声音响起，正在QQ上跟客户谈话的晓玲吓了一跳，回头一看，一个红色的身影已经挨到了她坐着的肩膀边，犹如一团乌云，猛然压得她心里沉甸甸的，甚至有些浑身不自在起来。

虽然关系不错，但这样的近距离，让晓玲有些喘不过气。她用胳膊肘顶了顶纳冰，转头说："随你好了。""你说吃炒粉还是炒菜？隔壁那个油水太厚了，鬼晓得是不是地沟油，吓人哦，想不得。"纳冰还在滔滔不绝,但晓玲却越来越不自在。

格子间是属于自己的方寸之地,虽然外人都可一目了然,但有道隐形的界限在心里,比如外人离电脑保持一些距离,不要轻易翻动上面的东西,而纳冰似乎并不介意这些,每次一来就占据"亲密地带"——站的地方与晓玲对着电脑的距离几乎一样。虽然跟客户说话并无什么隐私,见不得人,但有些业务问题和玩笑话,她确实不想让别人看到,再说到底,即使电脑是黑屏,她也希望除她之外的人,不要离得太近。

晓玲并非太戒备的人,可纳冰的心无城府确实令人有些哭笑不得。有一次,晓玲正打开一个网页,上班之前作为热身,难免浏览一下新闻,恰好一张肌肉发达的帅哥图片展现,纳冰此时找晓玲借笔,猛然冲过来,与性感帅哥的照片撞了个正着,大惊小怪地说:"好帅哦,好帅哦。"总经理正要进办公室,诧异地往这里看了好几眼,晓玲简直无语到家。

办公室里的"非正常接触"

"美女,今天的衣服蛮有味道咧。"一早,一家商贸公司职员美晴正在清理办公桌,男同事大伟便"贴"了上来,边说着边拉了拉美晴袖子上的一个蝴蝶结带子。"君子动口不动手,别乱扯。"美晴非常不满,牙尖嘴利并不放过大伟。

在女同事的眼中,大伟业务水平不俗,但有个明显的缺点,就是油嘴滑舌。共事多年,同事之间特别熟,大伟喜欢开玩笑,不管男女,说话说到激动处,不是拍肩就是摸头,总有那么些挨挨擦擦的小动作,你说生气吧,似乎谈不上冒犯,按大伟自己的话说,本公司全是他的兄弟姐妹,即使谈恋爱,也"兔子不吃窝边草",怎么会有"歹念"?美晴偏不信邪,有时大伟的手伸过来,她就躲,有时索性"骂"几句,几次三番下来,大伟被这个"小辣椒"呛了不少回,也规矩了不少。

另一家公司职员尚敏则因为上司的暧昧而换了部门。看似不经意的触碰,让尚敏觉得怪怪的,比如有时上司交代事情,吩咐完毕,尚敏准备走,上司则会不经意在她腰部顺势轻轻推一下,要么就是放手长时间在肩上说话,"或者他真是不经意的,可我觉得难受,索性避之。"尚敏这样告诉朋友。

同事间只谈合作不谈私事

Angle在同事眼中,是个寡言和矜持的女性。此前,Angle一直在一家知名外企工作多年,后由于家庭原因,从上海回北京。除了带着上海女性特有的精致,还带着与现实环境一种优雅和距离感。

在公司,Angle没有关系特别近的同事,也并非跟大家关系紧张,在公司团队会议上,或者是跟同事谈起公事,Angle向来是侃侃而谈,表情丰富,而午餐时间,或者在班车上,Angle就成了沉默的人,别的同事津津有味谈着老公孩子,业余聚会,Angle就是个局外人。

在公司两年多,不少同事的家事都成了共享话题,可Angle的老公和孩子一直保持神秘,甚至家里住的地方,也是似是而非,反正公司人力资源档案是保密的,有过不少传说,可刨根问底的事,没有谁能说得清楚。

大概受外企文化影响,Angle将圈子分得非常清楚:私人朋友、同事、亲友、客户……在不同的人面前,她会说不同的话,角色混淆说多了没有益处。

"有时你聊太多私事,人家会以为你在炫耀,或者在诉苦,人和人之间没有了距离美,也没有了尊重,会影响工作效率。"Anglc的想法虽然有些偏颇,但也不失道理。

链接:职场红人吸"爱"大法

要编织职场关系网,切记亲疏有节、爱恨分明,条理分明立场坚定是职场红人的第一原则,切记:好奇心害死猫!保持距离,以策安全!下面五招教你如何吸"爱"。

真诚：尔虞我诈的欺骗和虚伪的敷衍都是对同事关系的亵渎。真诚不是写在脸上的，而是发自内心的，伪装出来的真诚比真正的欺骗更令人讨厌。

"爱人者，人恒爱之；敬人者，人恒敬之"：任何人都不会无缘无故地接纳我们、喜欢我们。别人喜欢我们往往是建立在我们喜欢他们、承认他们价值的前提下的。

让别人觉得与你交往值得：我们在交往中总是在交换着某些东西，或者是物质，或者是情感，或者是其他。但在其中，应该注意的是要不怕吃亏、不要急于获得回报和不要付出太多。

维护别人的自尊心：说简单了就是给人家面子。但这并不意味着在同事交往中处处逢迎别人。

创造一种自由的气氛：要让别人在一个平等、自由的气氛中与我们进行交往。

2. 5CM——看你们是爱的平行线还是恨的曲线？

我们每个人的四周都环绕着一个抽象的范围，我们称其为"私人空间"。

我们无法准确地在我们的周围划一个明确的界限，但是它确实存在。

当别人越过合适的私人交往距离时，我们会对对方产生一种厌恶的情绪。

这种情绪给了我们消极的心理暗示，使得我们对这个人留下了不好的印象。

例如在拥挤的地铁里或者公交车上，当别人过于接近你时，你是不是从内心深处会有一种不安全感和不悦情绪呢?

你是不是会通过变换自己的位置来逃避不快呢?

在社会交往中,我们必须控制好我们与别人之间的身体距离,使我们和别人的交往得体而又不失亲近。

但在5CM微距下,人与人之间就会发生一些奇妙的化学反应,究竟是爱的平行线还是曲线,到底该如何界定呢?

A:人在江湖,要和他人保持5CM的距离

将"距离"运用到管理实践中,就是领导者与下属保持心理距离,可以避免下属的防备和紧张,可以减少下属对自己的恭维、奉承、送礼、行贿等行为,可以防止与下属称兄道弟、吃喝不分。这样做既可以获得下属的尊重, 又能保证在工作中不丧失原则。一个优秀的领导者和管理者,要做到"疏者密之,密者疏之",这才是成功之道。

著名的酒店之王希尔顿就深谙此道。

希尔顿为自己的旅馆王国立下过一条原则: 最低的收费和最佳的服务。他要求饭店的所有职员一定要做到和气为贵,顾客至上。不管是谁违反了这一规定,都要受到严厉的惩罚。

在平时的工作中,希尔顿总是和蔼可亲,他爱与员工们交谈,关心他们的生活,热心帮助解决员工的困难,所以员工们与他的关系都很融洽。和希尔顿聊天,就像是和一位长辈谈心,不用拘束,也不用担忧,因为他是把每个人都当作酒店的主人来对待的。

但是在原则问题上,他是绝不含糊的。在工余时间,他从不要求管理人员到家做客,也从不接受他们的邀请。

一次,饭店一位经理与顾客发生了争执,居然还大吵了起来。希尔顿知道这件事后,立刻辞退了这位经理。虽然这位经理业务能力很强,为饭店作出过不小的贡献,但希尔顿并没有姑息他,而是严格的执行了规章。希尔顿这种说一不二的性格,使得许多员工都认为他是一个特别严肃的人,所以都很尊重他,希尔顿在酒店中的威望与日俱增。

正是这种保持适度距离的管理，使得希尔顿的各项业务能够芝麻开花节节高。

与员工保持一定的距离，既不会使你高高在上，也不会使你与员工互相混淆身份。这是管理的一种最佳状态。距离的保持靠一定的原则来维持，这种原则对所有人都一视同仁：既可以约束领导者自己，也可以约束员工。掌握了这个原则，也就掌握了成功管理的秘诀之一。

除了在管理上，做生意也是如此。有的时候对人过度热情，却没有任何效果，甚至会招来反感。一位朋友就经常抱怨：三番五次地接到通讯公司发来的服务短信，说什么你刚才拨打的电话彩铃非常好听，要不免费试用两个月？弄得他烦不胜烦。

类似的事情还有很多。

比如美容店、理发厅给爱美的女士极力推荐美容新产品，推销办理各种会员积分卡、消费卡；

影楼拍摄照片，店员极力推荐所谓的"优惠套餐"，并想尽办法让你增加洗片数量；

到银行办理贷款，柜员费尽口舌要你办理某种理财业务；

进入超市购物，服务员极力推荐某种洗发产品等等；

……

在市场激烈竞争的情况下，对商家来说，顾客是上帝，你必须提供热情的服务。但是，倘若"热情"过度了，便会使消费者觉得毫无真诚可言，甚至引来反感。这种看似的"热情"，实则比冷淡还难以令人接受。

热情过度的服务，难以收到商家预期的效果。随着广大消费者对产品认知的心理越来越成熟，绝大多数人已不会凭一面之词的夸赞就相信某一种产品了，他们的消费行为和消费观念越来越成熟，选择商品更加理性。

从消费者的心理来说，人往往都具有一种天生的逆反心理。你越讲得好，越吹得天花乱坠，他反而会产生怀疑，最终导致对这一产品不信任甚至厌恶。

所以，不妨改变一下策略，有的时候创造"热情"，不如点创造"距离"，保持点"神秘"。我们来看一个经典的例子。

出版商为了让罗琳的哈利波特系列《哈利波特和火杯》取得轰动的销售成绩，特意制造了媒介、书迷和作者的距离感，取得了不同凡响的收效。出版商是怎么制造距离的呢？

原来，出版社在出版前全面封锁消息，书籍的标题、篇幅和价格保密到发行前两周。不赠送供评论用的赠阅本，不允许采访作者，因为担心考虑不周导致泄露而推迟译成外文版本。

首发日之前，刺激性的情节细节，包括关键人物之死等内容一点点透露给垂涎已久的记者团。要求印刷商和销售商签订绝对保密的协议。经销商则受到严格审查，不过有些被允许仅仅在"哈利·波特"即2000年7月8日前，在限定的场地短时间内展示令人眼馋的册数。

当时，几册新书样本"无意中"由西弗吉尼亚州最偏僻的一家不知其名的连锁店售了出去，不过其中一个"幸运的"孩子被全球媒体长篇累牍地加以跟踪报道，并刊登在了备受关注的每个头版的显著地位。

经过这一系列的举措，拉大了书迷们和书的距离，从而使书迷非得到不可的情绪更为狂热。到头来，该书的普遍畅销就不可避免，出现在了杂货商店到路边餐馆的每个地方。

换个角度思考，如果该书在出版之前，就过度热情地接受各种媒体的访谈，毫无保留地披露书的内容，恐怕书迷的热情一定会随之降低，不会出现如此疯狂热销的情况。

所以，巧用距离感来操纵员工、顾客的心理，不失为一种策略。只要运用得到，往往会起到意想不到的效果。

链接:职场要注意的三个距离

1)与领导保持适当的距离

有人以为只要认真做事,就能在公司立足。可是领导可能会觉得你"表现平平"而炒你鱿鱼。也不可频频在领导眼前晃悠:开会抢坐他旁边,隔三岔五主动汇报工作……这时会受到同事们的鄙视,给领导的感觉也是太爱出风头……所以离得太远,会被忽略;离得太近,会被伤着。要保持恰当的一个度,让自己再公司立稳脚跟。

2)与同事保持适当的距离

不要和自己最亲密的同事议论对公司或者某人的不满。职场上,最可能出卖你的那个人,往往就是知晓你秘密最多的"密友"。要知道,很多时候,同事之间除了合作伙伴关系,还是潜在的竞争对手:当你们目标一致时,同事是你最亲密的战友;当你们利益发生冲突,这种关系就变得摇摇欲坠。言多必失,在与同事保持安全距离的同时,务必管好自己的嘴。

3)与客户保持适当的距离

没有任何显性的或隐性的利益冲突,是成为"朋友"的必要条件之一。工作中的客户,即使私下相处再好,也是因为利益走到一起的,而且这种利益时常会发生冲突。所以,客户注定难以成为你真正意义上的朋友。与客户之间保持适当距离,务必要记住"吃人嘴短,拿人手软"这句话,守住与人交往的心理底线,坚决不做违反原则的事——这是你与客户保持平等对话权利的前提条件。

在职场中要时刻警惕自己的角色,遵守职场中的游戏规则。而且在面对公司利益时,要站在大局的角度去考虑问题,必要时学会适当的忍耐和包容。与领导、同事和客户都要保持适当距离,不搞小团体,同时要学会尊重别人。

B:"彬彬有礼"社交场合中的5CM距离

同事关系好,本是好事。我们来自五湖四海,为了一个共同的目标走到一起来了,心往一处想、劲往一处使,团结互助当然是好的,但是切记同事之间拒绝亲密。同事就是同事,不是朋友,交朋友,除了志趣相投外,忠诚的品格是最重要的,一旦你选择了我,我选择了你,彼此信任、忠实于友谊是双方的责任。同事就不同了,一般来说,如果不是自己创的业,也不想砸自己的饭碗,那么,你是不可能选择同事的,除非你在人事部门工作。

所以,你不能对同事有过高的期望值,否则容易惹麻烦,容易被误解。适当的距离能让你跟他看起来最美。

异性之间:拒绝亲密

21世纪,两性的工作交流非常频繁,实在不能再以男女授受不亲的老观念来衡量。即使已婚,也不表示要和异性保持距离,两性总是要交流的,而且两性共事应该有助于工作效率的提高,所以两性间绝不能采取隔离策略,而必须找出好办法使两性相处有利无害。

因为是异性,对很多事物的看法普遍有很多分歧。如果你是在异性面前很虚心的人,你会发现你在异性中备受宠爱。因为多数人对异性没有排斥感,而且喜欢帮助异性工作伙伴,他们把这个看作是同事中成就感的一个标志。人人都希望被异性重视、仰慕,一个人如果注意吸取他人的长处,他可以从每个工作伙伴身上学到不同的有助于自己发展的长处。平时注意观察他人长处,不计较他人短处的人,会觉得同事之间好相处。

物以类聚,人以群分。既是同事、朋友,就有共同语言、互有好感的人,如果你没有意思将这种关系发展为恋情,就应当将感情投入限制在友谊的范围内,即使很有好感,也不应表露出来。如果对方射来丘比特之箭,也应明智地将其化解。千万不要给对方以默许和鼓励。

对异性采取大方、不轻浮的态度是同异性工作交往中一个很重要的原则。其中包括行为和言语两方面。以尊重对方是异性工作伙伴的关系来处理办公室中的一些事务,将会使某些复杂的事物变得简单一些。千万勿将办公室的异性关系处理成类似"恋爱关系"所期望的那种结果,也不要与某个异性发展成比之其他异性更为亲密的关系。下班以后作朋友是另外一回事,但在办公室内千万要区分"急缓重轻"的关系。

男同事有男同事的苦恼,女同事有女同事的苦恼,他们可能会因为工作头绪繁多而忙得焦头烂额,可能会因为事业发展阻力太大而停滞不前,可能会为家庭纠纷而沮丧不已。

大多数同事遇到这种情况会表现出逃避的姿态,其实,只要你说出一句"我来帮帮你"的话语,同事就可能感激不已。当他(她)有困难时,或者大家都不敢接近时,如果你能不计利害去帮助他(她),他(她)心中的感激是可想而知的。

同性之间:相依相助

在办公室里人人都应友好,特别对同性则更应如此。因为每个人来公司上班均是为了生存,大家同在一个屋檐下,为了一个共同的目标,感受同一种压力,工作中谁也少不了谁,因而如果可以以一颗同情心来看待同伴的话,关系将很容易处理。

因为是同性,很多感受和对事物的看法均有共同点,可以找一些大家均有兴趣的话题,不啻是一个表示友好的方式。当然对一些自己认为是话不投机的同性伙伴则采取"工作伙伴"的态度来对待,可以发展为进一步朋友关系的则多交流一些,不是"同路人"则少交往一点,不必把所有人都当作是可以发展成朋友的"潜在因子"来对待。

看见同事打小报告,也不必为此而大惊小怪。若他只为个人利益,则可以完全不去理会,只当作"处理事件不当",对他个人将来的品格发展必无益处来评判就可以了。每个人都不会在同一家公司干一辈子,大家均是过客而已。注意值得你注意,学习值得你学习的东西足矣。

爱反应明暗示——你对我很重要

注重细节的人往往会拥有更加广阔的人际关系网,

在职场中注重细小的微反应,适度的运用爱反应去打动人心,

将友好暗示明明白白地通过微反应传递给对方,相信会令人留下深刻地印象。

许多了不起的成功,其实都靠点点滴滴的细小努力积累而成,做人就是这些细小努力中最重要的部分。

1. 蝴蝶效应——爱反应激发的连锁效应

新兴软件集团的总裁董浩是一个对于细节非常用心的人,他常从他人想不到的细节处用心,告诉别人,他对自己有多么重要,这样的打动是"润物细无声"的。一天晚上,他在公司的电梯里遇见了工程师David,David身边的一个女孩看样子像是他的女朋友。于是,董浩就主动地说:"David,最近你们工行的客户项目做得怎样了……"

这个不经意的细节起到了一个绝佳的效果。第二天早上,董浩的邮箱里收到了David的邮件,David说董浩让他在女朋友面前很有面子,女朋友觉得连总裁都知道他的名字并且知道他在做什么,证明David在公司里很重要,也一定会有前途。邮件的最后说,女朋友对他的好感迅速增加了几十分,说以后一定要继续努力,不辜负期望……

这个细节达到了一个非常好的效果,因为它传递了一个让任何人

都会感到幸福的信息。那就是感觉自己很重要。这样的事情很多,例如:董浩能记住公司的一千多位员工的名字,这样的方式不知感动了多少人。而且中秋节到了,董浩发的月饼与众不同,他给员工两种选择:第一种,把月饼直接给你;第二种,月饼想送给谁,公司会帮忙快递到任何一个地方去。

大部分员工,很少有人把月饼拿回家,一般是邮给父母或朋友。这时,董浩会在月饼盒里写一封信,以个人的名义,代表公司说:"亲爱的亲人,我们的公司是全世界上最好的公司,我们的员工是全世界最优秀的员工,我们因为有这样的员工而感到自豪!我要谢谢您,因为是您在背后默默地支持他,让他这么努力地工作。每逢佳节倍思亲,我们希望通过这样一个小小的心意来表达他对您的思念以及我们对您的谢意。"

想想看,这个简单的行动,加上巧妙的心思和完美的细节,会让同样的月饼发挥多么不同的效果。也让我们受到了这样的启发,刻意奉承会招致别人的讨厌而导致尴尬,但是通过这些爱反应的暗示,去传达对别人的重视,就能润物细无声,感人于无形。

胡敏娥大学毕业后,做了一名老师。她刚到学校的时候,关系还比较好的几个同事,都是和她一样是新来的,由于大家被分配的年级不同,平时也不容易看到。

胡敏娥开始感到有点不适应了,到了办公室都不知道和谁说话。感觉别人是一群人聚集在一起,讨论他们彼此熟悉的人和事,而自己作为新人,一下子感觉合不了群。

但是,胡敏娥决意要打破被动的局面,一天,一个同事的行为启发了她,那是早上,一个同事见她进办公室就说了一句:"胡老师,早!"胡敏娥觉得无比亲切。

她受到了启发:作为一名新教员,很多老师在路上见到自己都和自己打招呼,但是她却叫不出其他老师的名字,甚至连他们的姓或者他们教什么,都不知道。

这样很不礼貌,更不利于同事之间的交往。

办公室里有一张名单,上面有每个老师的名字、所在年级和任教学科,于是胡敏娥按照名单开始用心记住他们的名字,任教的学科、年级。

每当她看到一个不认识的老师,就问办公室的同事,知道她的名字后,就到名单上找,顺便知道了她任教的年级和学科等信息,然后就有意识地记住。

每当认识了一个新的老师,胡敏娥就在纸上作记号。那段时间她所有的精力都花在这上面了,过了大约一个星期,胡敏娥终于把所有的学科教师和学区内的生活老师以及行政楼的人,总共一百多人,都能对上号了,路上碰到这些老师她都能自如地打招呼了。

很多同事都佩服她,短短时间,好像全校老师都认识了。其实他们不知道她是刻意去记住他们的。因为她知道,在路上碰到一个老师,单单说一句"你好"和问候一句"王老师,你好"是有本质不同的。

每个人的脖子上都挂着一块牌子,那就是:我很重要! 所以,记住同事的名字,让对方从你默默传递的爱反应中感觉自己很重要。你,才会变得重要!

提醒:菜鸟"第一次"警惕爱恨交织

什么时刻,所有人会把目光聚焦到你身上? 一定是你"第一次"处理某件事情的时候。例如:第一件见大客户,第一次遭遇谣言,第一次被同事排挤……"第一次"最能暴露你处理问题的能力。职场冷酷在于:做错事,周围人可能向你传递"你错了"的信号,却不告诉你错在哪里。因为每一个人都是亲自踩雷,伤过,哭过,都闷过,才能明白一些道理。很多职场人都有这样的感觉,工作了一段时间以后工作很不开心,觉得自己丧失了刚开始参加工作时的热情,还可能觉得其实现在的公司并没有当初想象的那么好。

第一次选择工作：

第一份工作对于一个人将来的工作有着重要的影响，对此，花一点时间思考你要面对的工作。正确的做法是，无论你的知识背景和家庭背景怎样，在找一份工作前，都问自己这样三个问题：我想做什么？公司需要我做什么？未来我可以做什么？

第一次选择公司：

大公司给开出的薪水条件，可能是你每个月的工资将在正常消费的情况下分文不剩。小公司倒很灵活，而且多干多得，少干少得，每一家小公司都是这样的模式。你该如何选择？对于不同的人，选择大公司还是小公司都有不同的标准，不见得大就一定适合你。如果你被外界误传的"好"所欺骗，那么，到了大公司之后，你的失落感将无以复加，会严重影响你的工作情绪。

第一次面试：

尽可能对去应聘的单位作深入的了解。收集尽量详细的资料，包括对公司的历史、价值观、产品等方面的了解，如果有可能的话，了解一些企业创始人的历史也相当不错。举个例子来说，由于某种原因，老板迷信"海龟"。老板说："只要是'海龟'，就让他当总裁。"这种情况下，亮出"海龟"的身份，比千言万语更管用。如果这个企业有鲜明的企业文化，那么这一点更显得尤为重要，毕竟如果你面试过关，在一个价值观和你完全不同，或者企业文化你完全不能适应的环境里工作，对你也将是莫大的痛苦。不要小看这一点，比方说在崇尚自由或者爱好严谨的公司里工作，你的性格要求就完全不同。

第一次被拒绝：

被拒绝的滋味不好受，有人会愤怒，有人会有挫败感，但是不论个人感受如何，都要记住接受事实，然后应该用冷静的思考代替愤怒，因为适时总结会让你在下次避免被拒绝的尴尬。而不断总结，不停地找差距，然后进行弥补，当你所反思的缺点大部分被你改掉的时候，下一次，你被拒绝的概率也会大大降低!

第一天上班:

第一天上班,由于对公司环境的不了解和对同事的陌生,你的心里可能会有一种脆弱、敏感的感觉。如果再遇到一些突发的难题,可能就会更加手足无措,错上加错。实际你必须放下所有思想上的包袱。要知道,第一天工作,你犯的错误在大部分情况下是可以被原谅的,同事也不会轻易排斥你。但是你表现得孤独、脆弱、无助,那么对不起,在这个真实的社会中,你会发现,同事真的会躲得远远的。同事们的生存压力这么大,大家都自顾不暇,谁还愿意天天去帮助别人?

第一次聚餐:

工作聚餐一定要重视,要知道看似无聊的聚餐,其实是职场生活的另一种延伸。这也可以解释成,聚餐是你在工作中出现问题时一个绝佳的补救机会。如果说来公司上班就是和同事竞争,那么下班后的会餐活动就是为了与同事亲密相处。

有一些工作问题,在聚餐的氛围中进行交流能让人放松警惕,通过这个特殊环境积累人际关系、解决矛盾和误解,更有助于你的团队生活以及获得更好的业务发展契机。错失这个机会的话,你的职场生活可能会变得越来越混乱。

第一次织就关系网:

新手到了公司,要慢慢地跟本部门的同事以及其他部门的同事建立起良好的关系,这一点对新手能否在单位立足、顺利发展都是很重要的,千万不要为了搞好关系,而让大家觉得你不踏实,太热衷于钻营。

作为新人,虚心、礼貌、微笑、少说多做总没有错。正常情况下,新人进公司,老员工可能在刚开始不认可,但是时间长了大多还是乐意帮助新人的。当然新人自己不能作出讨人嫌的举动,比如乱插嘴、乱奉承等刻行为。

事实上,许多在职场中的人都知道,非常成功的人在他们的职业生涯中都曾经出现过影响他们至深的上级,有了领导的赏识,才有他们本人的表现机会，才有好的业绩，同时有好的业绩，就能得到更多的机会和赏识。

第一次领工资：

领到第一份工资的时候，有人计划着宴请亲朋好友大吃一顿，也有人计划着给自己买一件衣服或小礼物留作纪念……当这一切安排妥当之后，职场人发现，随着自己这种消费习惯的形成，自己越来越像"月光族"。

有句话说得好：你不理财，财不理你，收入如果是一条河，财富实际上充当的就是水库，如果你把河流全部支出去，那么你的水库就干枯了，你也就无财可理。所以，想让自己的水库充盈，就一定要控制自己的支出。

有了理财意识，再配上正确的行动，这样随着好的消费习惯的养成，不论你是月薪两千，还是月薪两万，日积月累，你忙你的工作，你的钱也会按部就班地以钱生钱。

第一次送礼：

想表示与别人的友好，有人会选择送礼这样的方式，要注意的是巧妙送礼，既然要送"礼"了，"礼"一定要送得恰到好处，打动人心。一般来说受礼者都有害怕你目的性太强的拒礼心态，如果能让对方感觉放松，才有可能收下你的礼物。

最佳的送礼方法是"顺水推舟"，既不张扬，对方也容易接受。

第一次粗心：

很多粗心的人不愿意承认自己的粗心。在问题面前，也可能会给自己找很多借口，然而1%的疏忽，有可能会导致100%的失败。正如偶然的事件会伤害到全局，想一想，如果有一把枪，它射中你自己的概率是1%，你还敢不敢拿着这把枪对着自己的脑袋来一下？

职场同样如此，如果一招不慎，领导可能不会再给你机会，100件事情，如果99件事情做好了，1件事情未做好，这1件事可能对于某一单位、某一组织或者某个人就是100%的影响。工作中，如果你让顾客在电话里等了太长时间,或者一通电话转了四五个人接听,你就别再妄想留住这位顾客,只能眼睁睁地看着他离你而去。再如,将客户的订单弄丢或是延误交货等,必定会让你的顾客流失。这里面,也许都只是1%的失误而已。

2. "关系高手"如何拒绝恨反应

那还是王坤上学的时候发生的事情。当时的王坤是北京某大学的研究生,他非常想出国。但学校的出国名额已经用完了。于是,王坤就给北京的每个高校打电话,询问有没有剩余的出国名额。

这样的行为在别人看来似乎是幼稚的,因为大部分的学校出国名额都是紧张的,但是王坤没有放弃,他找来北京市高等院校招收研究生的所有招生手册,一页一页地翻看,寻找有公派出国的名额的学校。学校里的公用电话前总是排着长队,于是王坤就跑到实习的半导体所里,用那里的电话给各个大学的研究生处打电话。

大部分的时候,他听到的都是拒绝的回答,很多老师直接地告诉他自己学校的学生都不够用,肯定不能向外安排名额。但王坤还是没有放弃,继续不停地打探,终于在第三天的下午,电话打到北京广播学院的时候,听到了电话另一端的老师说他们的出国名额没有用完。最终他用毅力,给自己换来了机会!

这样的毅力,让我们看到了"搞关系"的实质,并不是对方一定要是熟人才可以办成事情,重要的是,不要害怕别人的恨反应!你要有毅力推开别人的大门。

职场人同样如此,很多职场人士说工作压力大,做事不顺心,但这种工作压力大,其实并不一定与工作量以及工作难度有直接的关系,而是"不合群"导致的——他们在职场上总能触发恨反应,不会搞关系,往往是孤军奋战,所以感觉心情郁闷。

不会"搞关系",就等于封锁了自己的资源宝库。缺乏和他人沟通的人,性格上会丧失热情与毅力。在人际交往中,总是希望别人主动接近自己,自己却不会主动与人交流。这种情况发展下去,时间一长,这一类型的人就会被他人遗弃,于是他们就会感到被孤立,心理压力就会增大,工作时也会力不从心。

高手教你善用爱反应"搞关系"

场景1:从办公室"独行侠"到好人缘

小朱 25岁 销售人员

建议:强迫自己忘掉恨反应,更不要用自己的恨反应去碰撞他人的恨反应,尝试用一个包容、善意的心胸去体会别人的爱反应。

小朱在单位里被大家叫做"独行侠"。因为感觉自己"不怎么会说话",于是,他经常在集体活动的时候,表现冷淡,并感觉无聊。

后来,他的部门来了个女孩子,叫高菲,这个女孩的性格非常热情,不多久就和同事打成一片了。有一天,高菲过生日,她邀请了众同事,在一家KTV开了一个别开生面的生日派对。因为来的同事很多,有的同事也带着朋友过来,现场十分热闹。就是那一次派对,让高菲又认识了很多朋友。

还有一次,公司举办活动,小朱和高菲一起参加活动。有人对小朱打招呼的时候,小朱只是点头微笑一下,交换个名片,也有点矜持。而高菲的举动就非常热情了,她先主动递上名片,寒暄着,逗逗趣,赞美一下女士的外表,男士的风度,不一会儿,周围一帮人热热闹闹地聊了起来。当一拨人散去,高菲马上能加入下一个群体,人群嘈杂时,她就倾听,人群安静了,她会很直率地说:"我能认识一下诸位吗?"

就这样,散场的时候,高菲手上有了厚厚的一沓名片,告别时,还和大家安排好下次约见。小朱问高菲:"你为什么总能成为焦点,而我总是被冷落呢?"

高菲的回答让小朱大吃一惊:"被冷落?没有吧,是你自己冷落自己,只有你先重视自己,别人才会关注你。主动走到人群中,和别人说说话。要有毅力,不要因为对方的态度不积极就封闭自己,调整自己的状态,用自己感染别人,慢慢地自然就受欢迎了。"

就这样,小朱被高菲的话点醒,他才意识到,不是别人不热情而是自己不主动。

支招:

除了努力工作以外,职场好人缘,也要靠自己的热情和主动去争取。

打开封闭的思维,去了解别人的心理和情感,说话不要只从自己的角度出发。

过于敏感,过于防范的恨反应会导致没有人愿意与你交往,只有一次又一次地用毅力来改变自己,尝试用爱反应与别人沟通,才能最终改变自己的交际氛围。

场景2:打募款电话

丁南 29岁 自由职业者

建议:不停给自己打气,压力间隙补充能量。"当我一直很仰慕的一家绿色环保组织请我来为他们做些筹集募捐款之类的事情时,我觉得它很容易。

"我其实是一个自信的人,但是这些打给从未接触过的人的电话很快使我泄了气。第一个人的回答就是'不',这就像有一根针扎进了我的胃里。而到了第五个电话,迎来第五个拒绝的时候,我觉得自己很失败,并且被别人的冷硬拒绝憋得满面通红,手也在微微颤抖。

每拨出一个号码,对我都是一次心理上的考验,如何能让别人接受我的要求,就像一座大山压在我身上。但是我不能放弃,我对那个NGO(不以营利为目的非政府组织)组织的敬仰和热情是一种动力,它支撑着我找到一种方式,来继续坚持把这些电话打下去。

为了使自己保持'战斗力',我在疲惫的时候跑一会儿步,也会在种满鲜花的阳台上打电话,或者有时候,我会干脆放下话筒,去做个美味的蛋糕。同时,我把要说的话、会面临的疑问、适当的回答都在心里打了个腹稿,自己做一次'私人排练'。在每10个电话后,我会给自己倒一杯美味的咖啡,这也在很大程度上帮助我缓解紧张情绪,排解了被拒绝的压力。

最后,我成功地募集到了13笔数额很大的款项。这是我的成长,我很感谢这些电话,我相信以后我再也不会害怕那些无比沉重的压力。"

支招:

销售学里的那句经典理论很适合用来解释这种拒绝:"你会经常遇见打了20个电话都被拒绝,但却有一个可以成功。这一次成功足以抵消那20个的拒绝。而每一次拒绝之间都是独立的,你不必认为那是20次失败,实际上,它只是1次。"

打电话前,伸个懒腰,做次简单清洁,或者哼唱几句你最喜欢的歌,都可以舒缓你紧张的情绪。研究证明,微笑会使你的声音更加轻松,并且更具感染力。

说的话要简洁扼要,每次说话都尽量保持在16秒之内,这样你的声音就不会颤抖,也能保持冷静,不会神经过于紧张。

一份详细准备好的电话稿也会让你更加信心十足,但是不要看着稿子僵硬地读,要轻松自然地说话。底稿的作用只是为了让你在心慌意乱的时候有个最坚强的依靠。

场景3:参加陌生人很多的活动

馨洁 32岁 作家

建议:角色扮演

"作为一个作家,我参加过很多次大活动,但还是会有一些很崩溃的时刻:到了会场,发现自己一个人都不认识,怎么办?我怎么穿了这件黑裙子就来了?

当我到了会场,我会假装自己在进行一项研究人们行为的试验,而不是假设人们都在看我,私语着怎么一个人来到这里。

我扫视整个活动现场,如果看到某个人在单独坐着,我就会走过去,和他(她)聊一些简单的问题,比如'你是怎么认识这个活动的主人的?'

90%的人都和曾经的我一样,觉得和陌生人待在这里十分不自在,对于我的主动'破冰'都感到松了一口气。"

支招:

在你参加活动前,想好六七个你可以探讨的问题,以备和在会场结识的人聊天之用。书和电影一般是上佳之选。如果有某个主题是你不想讨论的(比如:你刚刚离婚),事先为它和相关的问题准备好答案。这样,当别人问到"你的那位呢"的时候,你才不会无言。

当你扫视房间的时候,要记住:他们和你一样紧张。

避免在介绍之后,出现无话可说的沉默。可以以一句简单的赞美开始,如夸赞对方的衣着:"你的外套真好看!"

场景4:演讲

小鱼 38岁 市场部执行经理

建议:注视观众中某个友善的人,把他作为你演讲的特定对象。

"在工作的第一个星期,我老板就让我去做一个演讲。

这立刻令我紧张起来。而更糟糕的是,我一直都很容易脸红。我也尝试过一些招数,比如说假装自己正浸泡在充满凉水的游泳池中,或者是感觉自己的血液静静在血脉中流淌,但是都没有用。然后我突然意识到,在朋友面前,我极少会脸红。在我进行演讲前,我和坐在观众席上的一位女性聊了一会儿天,她非常友善。

当我起身走向演讲台的时候,我很紧张,但是当我不小心看到观众席上刚才和我聊天的那位女性的时候,她正在微笑。

我立刻冷静了下来,那时我意识到:我正在对着一些期望我成功的人们说话,演讲变得不再那么可怕。"

支招:

在演讲开始的时候,做一些比较感性化的手势。对介绍你上台的人表示感谢,手掌向上用手臂对台下的观众适时做些手势,这都会成为你的紧张情绪宣泄而出的渠道。

如果仍然紧张,不要尝试否认它的存在,或者想把它从你的脑海中拔除。心理学家提醒,压制这些不好的感觉只会使它们变得更坏。你应该认真思考并且承认它们的存在,"是的,我是在紧张,不过再过一会儿就好了"。

场景5:请人赴约

梦璃 49岁 政府公务员

建议:从放松的接触方式开始!

"我丈夫在我们结婚16年后去世,我们一直相爱,并且忠实于对方,因此约会的场景对我来说早已是很久远的事情。在再次单身10年后,约某个人出去的念头冒出来,实在使我紧张万分。可是我不想在余生都孤单一个人生活,于是我决定从认识的单身适龄异性中挑选一个进行邀约。我自己先开始练习,想象那个人有可能会答应,这使我的勇气比较充足。

这时有一位女性朋友给我介绍了一个我也认识但是不熟悉的工程师,她认为有可能是适合我的类型。我很紧张,但是又做了个深呼吸,我对自己大声说:'我为什么一定要错过呢?'于是我给他发了短信,提议晚上一起看场话剧。短信使我感觉不那么紧张,因为我可以掌控自己的一切,他看不到我颤抖的手。他同意了。我告诉女儿,我是在享受自己的人生,而不是一定要给自己寻找一个'老伴'。"

支招:

问自己:"会发生的最糟糕的事情是什么?"这个问题会让你对即将发生的事情有个大概认知,对压力的减轻有极大效用。不论未来会发生什么,你都会感到很自信,能够很从容地邀请任何人赴你的约。

有步骤地开始行动。先从短信或者邮件开始,然后再进行电话联系。使用你感觉最舒适的沟通方式进行联系,你会发现事情进展得更加容易和顺畅。

并且,最后,再次对你心底的期许进行一次确认。你想要什么样的结果?你的期许越低,你的紧张程度降低得就越显著。客观地去看待事情,不要凭感情过高或过低地期望未来。

3. 控制你的愤怒情绪——恨反应最易伤人害己

实话实说,很多人都喜欢看到别人"怒发冲冠"的样子。观众们喜欢看体育明星在赛场上爆粗口、摔牌子,也希望看政客们忘记了正在工作的麦克风,说出不得体的话。

我们在各种频道都能看到愤怒的镜头:从相互挑衅的拳击手到牢骚不断的喜剧演员。在电视新闻中,我们甚至可以看到议会成员公然打成一团。当电视节目不能满足这些需求时,我们甚至会上网观看那些明星大骂狗仔队的视频。

虽然我们喜欢看这些愤怒的镜头——并帮助提高了电视台的收视率和街头小报的销量,但是我们却不希望愤怒出现在自己的生活中。作为恨反应最突出的一种情绪,愤怒既可以是微小的怨念,也可以是强烈的愤恨。我们也许认为愤怒是一种负面的情绪。它会使人头脑发热,口无遮拦。当然,我们难免会发火,但人们不是常说"愤怒是魔鬼"吗?这似乎在暗示,愤怒是种非自然的心理扭曲。

但事实并非如此。愤怒其实是十分自然的情绪,是在警告我们有什么东西侵犯了我们心中的常规。这种常规可能是社会性的。比方说,你在银行办手续时,突然有人插队加塞,那你难免会生气。因为这种行为违反了明确的规定。但这种常规也可能是个人性的,可能是某些事没有按照我们自己的期望发展。

愤怒的生理反应旨在鼓励我们负起责任,恢复是与非的平衡。但我们必须确定自己是出于正当理由生气,还应注意要用恰当的方式予以表达。就像我们在电视或网上看到的那样,这其中有条微妙的界限。

那么,我们要如何判断哪些事情值得生气?

又是什么会导致我们血气上涌?

在不造成身体伤害的前提下,如何能让别人知道你正在发怒?

A:抑制愤怒的爆发

要避免愤怒对身体的伤害,关键是抑制愤怒的爆发,尽量别为小事而生气。但是,对于某些疾病来说,发泄怒气反而是治疗的关键。

你也许听说过这句话:"愤怒解决不了任何问题。"事实确实如此。光生气并不能解决引发怒火的诱因。但是,愤怒的生理反应告诫你必须采取行动。而你发泄怒气的方式将会帮助你解决这个问题。

发泄怒气的目的包括:

纠正错误,或者揭露某些不当行为。

维系关系,或者处理使你生气的人际关系问题。

展示力量,保证这种可能会使你生气的情况不再出现。

根据对象的不同,你发泄怒气的目的各有偏重。比如你对待朋友的方式肯定和对待陌生人的方式大有不同。

那么,你到底该如何去做呢?

发泄怒气的方式有三种:闷气、发火和克制火气。

闷气是将火气憋在心里。这种将愤怒内化的办法,通常会引发抑郁。这种发火的方式在女性身上十分常见。

内在的愤怒会以消极的方式发泄出来,比如愠怒或者冷嘲热讽。

发火则是一种外向的发泄怒气的方式。它包括对人或者物的攻击和破坏,以及口头攻击。

有时,别人可能建议你不要将怒气憋在心里。但是,冲每个惹你生气的人发火,并不能使你感觉好起来。事实上,人们在生闷气或者发火时,常常有失控或者无力的感觉。尝试去克制自己的火气,或者用恰当的方式来发泄怒气,才是理想的方法。

与冒犯者口头交流是发泄怒气最好的办法

这并不仅是冲对方大喊大叫,而是通过告诉别人你生气的原因,找到解决问题的方法。这种发泄方式正说明了为何愤怒有时会对我们有益。我们必须找到生活中的消极因素,并将其转变为积极因素。这能够迫使我们解决人际关系中存在的问题。某些情况下,解决这些问题十分容易;别人也许并不知道他们做的事情使你生气。

尽管我们清楚这是控制怒火最有成效的方式,但并不意味着我们总可以或愿意采用这种方法。比如说,你不可能找到每个让你生气的出租司机,然后与之平心静气地交谈。当你无法做到这点时,必须找一种健康方法给自己消气。这些方法包括运动、冥想、看喜欢的电视剧等等。每个人应根据自己的情况来选择适合的方法。

与第三方聊天也有益于发泄怒气

你可以通过平静的讨论获得清醒的认识。这样做甚至可以降低血压,对身心健康有益。可是,那些经常发火的人往往找不到这种谈话对象,通常是因为没人愿意待在他们身边。

我们可能都认识那种总是心烦意乱的人,他们的整个世界观就是愤怒。他们喜欢用"总是"和"从来"这些词语来描述他们的怒气,就像"你总是迟到"或者"我从来没升过职"之类的话。这表明怒气没有得到解决,或者没有通讨健康的方法发泄。

长期处于愤怒状态的人总是对周围的事情感到失望和灰心,一些小事就足以让他们火冒三丈,而且与此同时,他们还为自己的怒气找到了诱因。在脾气暴躁的人口中,他们的家庭矛盾往往十分严重,而他们却是孤立无援的。因此,这些人总是对周围的人大发雷霆。

你可能已经注意到有些人更容易变得好斗。在他们易怒的脾气背后可能有几个原因,其中包括遗传基因、过去的伤痛经历以及环境压力等等。同样,这也是社会性的。如果你所处的社会认为愤怒是件不好的事情,那么你可能不知道如何有效地发泄怒气。这时,你就需要学会如何控制愤怒了。

B:改掉对愤怒作出反应性行为的老习惯

生气时作出冲动的反应可能是你从小到大的习惯，所以即便你在避免冲动的反应而对愤怒作出应对的时候会遇到一些困难，也不要灰心。

这种困难可能是由于过去的反复发生的情况而在你身上形成了一种反射，使你成为一个爱作出冲动反应的人，也可能是你生来就有的冲动性个性的体现。

不管是哪种情况，如果你想控制自己的愤怒，就必须改变这种习惯。

小P是在一个在充满辱骂和酒气的家庭中长大的，很早就开始把愤怒作为一种生存下去的方式。不幸的是，这种愤怒也使她一事无成。她伤心地说："我的愤怒害了我。它使我不能得到和我一起长大的孩子们都能得到的东西，比如大学教育和一份好工作。"

小Q长期以来一直是动不动就发火。他的"导火索"很短。他的愤怒不会慢慢积聚在心里。相反他是属于那种"一点就着"的类型。当他还是个孩子的时候，他的母亲就常常告诫他说："如果别人推了你一把，你只需要走开就行了。"这是个很好的建议，但是当时他根本做不到，现在他31岁了，依然做不到这一点。

童年的情况会不会使一个人更容易形成一生气就冲动行事的性格呢？

如果一个人的父母可以用下面的这些语言描述，那这种可能性是很大的：

缺乏爱心

不慈爱、不温柔

感情冷漠

缺乏热情

不亲近

疏远

冷淡

矜持保守

态度严肃、僵硬

对人苛刻

不愿作出让步

过分严格

要求绝对服从

吹毛求疵

强硬

不友好

很难相处

难以忍受

精神高度紧张

过分敏感

神经兮兮

爱激动

爱发火

爱冲动

爱紧张

焦躁不安

容易兴奋

积习难改,但这绝对不是说不能改。

不要和爱发火的人在一起

也许你想改掉一生气就冲动的习惯,并努力对愤怒采取应对措施,但是你的周围可能都是一些特别爱发火的人,而这会使你的努力变得艰难。

俗话说:物以类聚,人以群分。

这意味着你以前可能一直在主动地去找那些脾气相同的人来交往。

之所以会出现这种情况,有以下三个原因:

1)你爱发火的脾气把你带入这样的人堆里。

2)爱发怒、具有过激行为的人倾向于选择那些和他们一样的人进行交往。

3)一个行为暴烈的人容易被主流社会排斥在外,毕竟大多数人是以一种恰当、成熟的方式处理愤怒。

你需要的是一些"制怒同盟",一些能帮助你形成有效应对愤怒的新习惯的人。

你要寻找的人应该具备以下特质:

能给你树立以健康的方式表达愤怒的榜样

能积极倾听你的问题,并帮助你控制愤怒

不爱评判他人

已经成功地制服了他们自己的愤怒之魔

有耐心

有同情心,能理解过多的愤怒给人带来的负担

不认为对自己有效的控制愤怒的方法对你也一定有效

在你出现情感危机时能够在你身边帮助你

不会假装什么都明白

乐于帮忙,但不愿对你的愤怒负责——这是你自己的事情

你也许不得不和你周围那些脾气暴躁的人疏远,不管他们是你的同事还是你的家人。从你那些愤怒的朋友身边走开需要很大的勇气和毅力,但你是能够做到的,而做到之后你会很快看到你生活中的一些积极变化。

第四章

读懂逃离反应，成为谈判桌上高手

远古时代的逃离是跑，现代社会的逃离多数则比较隐晦。

如果面对的刺激具有威胁性（可能伤害到自己），而自己又没有改变局面的信心，我们就会出现逃离反应。进一步讲，如果面对的人或者事物，感受到"厌恶或恐惧"，也会产生逃离反应。

这些逃离反应很细小，可能只是：挖鼻孔、抿嘴唇、手托着头、咬指甲、手遮着嘴说话、随便叹气、边说话边摇椅子……可能，很多时候你都是无意识地做了，但是别人在眼里，那就理解为你打算"逃离"了。

了解逃离反应，最重要的一点应用，就是能让你在商务谈判上，更清晰地了解对方的意图。帮你成谈判桌上的读心高手。

别让小动作"逃"走大商机

在商务谈判上,我们会面对各种突如其来的状况,对方突然将报价提高或提出苛刻附加条件,这些都会让谈判进行得非常不顺利。

了解逃离反应,就可以让你轻松了解对方是否会被这样的报价吓到,是否反感这样的苛刻附加条件……因为,透过肢体所传达的无声讯息的重要性,远远超过嘴巴说出来的言语。

1. 体察,他是不是随时准备"逃跑"?

小李和朋友约好在咖啡店见面。在路上小李碰到了另一个朋友,这位朋友异常热情,拉着她不停地说:"我给你说啊,前几天我碰到一个特有趣的事……"讲到好笑处,自己笑得前仰后合。小李偷偷看了看表,时间已经比跟朋友约定的时间晚了十分钟。但是这个朋友一直挽着她的胳膊,又表现的相当热情,让她不好意思打断对方的谈话。小李开始焦急地不断看手机,等朋友的电话……

小李在听朋友讲趣事的时候不断看手表,看手机,已经有了逃离的表示。只是这个朋友沉浸在自己的故事和情感中,完全忽视了小李的眼神、动作。一味地强制倾诉,当然不能引起小李的共鸣。

就像孩子不喜欢桌上的食物时转身离开那样,任何人都有过想逃开自己不喜欢的人,或避免可能会带来威胁的谈话的经验。

在谈判中,当听到对方不合理的报价时,或在讨价还价的过程中感觉到威胁时,人们很可能会将身体转向另外一边。同时出现的可能还有各种阻断行为,如闭眼、揉眼或用手捂住脸等。他可能会将身体倾向谈判桌或某个人的另一边,同时也会将脚转向另一边,有时甚至转向出口的一边……

腿部和脚部

当你去赴约会,而对方迟迟不来的话,你的腿就会不由自主地抖动起来,表示焦急和紧张的意识。另外,一家之中若有人最先架起腿来,其他人都会学着他做,那么,最先架起腿来的,就是一家之主。

由此可见,了解腿的动作,是破译内心秘密的一种强有力的武器。在这一节里,我们先从势力范围的角度,来分析腿部所表达出的无声语言。

当心中不安,或想拒绝对方时,一般人常将手或腿交叉。这是在无意识中,企图保护自身的心理表现和不让他人侵犯自己势力范围的防御姿势。

当你向上级提出某个建议时,如果他听了一会儿,便把腿架了起来,你应该注意,他可能对你的建议不感兴趣。果真如此的话,你应该尽快结束话题,告退离开。如果还要不知趣地唠唠叨叨的话,上级必然会频繁地变换架腿的动作,最后会变得越来越不耐烦。等到他忍不住打断你的话时,你就会感到窘迫了。

另一方面,人们如果要表示出他的攻击性,或者说,他有意于接受对方的话,则会采取张开腿的姿势。张开的腿比紧紧并拢的双腿更能扩大他的势力范围。

那些有着强烈的支配欲和所有欲的人,往往会把脚搁在桌子上和拉开的书桌抽屉上。这一行为,可以看做是用自己的脚连接桌子,来扩大自己的势力范围,表现着自我。反之,如果下属在他的面前表现出这一姿态的话,他会感到自己的势力范围已被侵犯,而产生极不愉快的感觉。一旦他在初次见面或并不很熟悉的人面前,也把脚搁上桌面或抽屉上的话,难免会被人认为"那家伙真是傲慢无礼之极"。

在腿所表达出的身态语言中,有一点必须留意的,那就是架腿的方式。男女的架腿方式有所差别,即使用同一种方式架腿,所表示的意义也并不一样。

也有的人,坐在椅子上,一只脚跷起来横跨在椅子扶手上。这种姿态看上去似乎很轻松,要是你以为这表明他是开放而又乐于与人合作的话,那就大错特错了。摆出这种姿势的人,对他人漠不关心,甚至还有点敌意。空中小姐对此深有感受,凡是采用这种坐姿的男性旅客,经常是最难服侍的人。商业上,在买方和卖方之间,买主也会在自己的办公室中摆出这种姿态,以表现他优越的主宰地位,上级也会在下级面前以这种坐姿来体现他的权威。

另有一种,分开双腿面向着椅子背倒坐的姿势,和把脚搁在办公桌上一样,通常发生在上级和下属之间,以表示统御权。采用这种坐姿的人,不管他的表面上看来是多么令人愉悦和友善,事实上可能并非如此。因为这种姿态表明着他富于统治性和侵略性。

双方之间处于激烈竞争的时候,一方或双方会不由自主地架起二郎腿。有位棋手,每当他在比赛中举棋不定时,总会不知不觉地架起腿来。对一个棋手来说,这种姿势是极不方便的,因为每次轮到他走棋时,必须放下脚,然后倾身向前下棋。然后,当他走完一步棋,又会依然故我地架起腿。放下再架起,架起再放下,一直要反复到他感到自己稳操胜券时,才安安分分地把双脚放到地板上。

下棋时是这样,谈判时也是这样。当问题被提出来讨论时,或者当激烈的争论发生时,谈判的一方或双方总会把腿架起来。若双方放下了架起的腿,身子向前倾移的话,则意味着谈判将顺利达成协议了。一旦对方交叉着架起腿,就是向你发出了要向你竞争、挑战的信号,这时,你必须提高你的警惕性,集中你的注意力,以免大意失荆州。

你也许碰到过这样一种情况:和你交谈的对方突然转动身子,坐着把脚对着门口。脚朝着门的姿态意味着,这个人想尽快结束这次交谈、聚会或其他当时正在进行着的活动。请你注意,到你家来拜访的客人,在他们的拜访将要结束前半个小时,会做出把脚转向门口的动作。你一接受到这个信号,就应该诚恳地向来客这样表示道:"时候不早了,真感谢你们,特地来看我。和你们在一起,时间不知不觉地过得真快啊!"

当你在生气、受到挫折或心理困扰时,会不会产生一种想要踢门的念头?也许你会踢地,踢小石子,踢你脑中幻想出来的对象。我们相信,你多半是踢过的。一个球队队员,当他失误时,会用顿足来表示懊悔不已。同样,当你不小心办错了一件事时,为了表示追悔,也会用顿足来表示。当然,也有这样一种特殊的情况,某些人在考虑一件事情的时候,常会轻轻踢着地面,好像在说:"我要把这事情像踢皮球一样地踢掉!"

接下来我们再来看看脚踝和脚尖发出了哪些身态语言。虽然脚踝和脚尖不像手腕和手指那么自由灵活,富于表现力,且处于身体的最下端毫不显眼的地方,然而,它所表达出来的情感或欲求,足以令人吃惊。

比如,坐在饭店里等着上菜时,坐在候车室里等候上车时,常有人会用脚尖敲打地板,这是在表示着他内心中的强烈的不耐烦。有时,人们也用摇动足部来表示。无论是用脚尖敲打地面还是摇动足部,他都在向朝他走近的人发出这样的信号:"你一靠近我,我就会感到不安。"在这个时候,一个陌生人如果上前去与他搭讪或询问什么,往往会遭到白眼。

在与你谈话时,对方不但架起了腿,而且还不住地晃动那只悬在半空的脚,这是他在将心情舒畅的信号传达给对方。如果面对初次相识的人,或面对工作中的对象而如此晃动脚者,那对方是在无声地招呼你:"尽可以放松一些。"

如果一个人脚踝交叠、双手抓紧椅子扶手,你认为这姿势像什么?也许你会笑着说:"像一副急着要上厕所去的样子。"你说对了,这种姿态确实表现出了某种"压抑"。

你也许会有这样的体验,当坐在牙医的诊治椅上时,当仰面躺在理发椅里准备刮胡子时,人会情不自禁地把两只足踝紧紧地交叠起来,同时两手紧抓住椅子扶手。人在压抑自己的强烈的感觉或情感时,不自觉地会采取这种姿势。

有的人,平时很少有交叠脚踝的动作,可是一上了飞机,他的脚踝却不断地交叠又松开。结果他承认,坐飞机时他心里万分紧张。所以空中小姐对于那些真正需要服务却又羞于启齿的旅客,似乎具有独到的辨别本领。她们能从乘客紧紧交叠的脚踝中,看出他的紧张与不安。与此同理,有许多人在面试时,会由于面对考试者而自然地把脚踝紧紧交叠,表现出紧张来。

有经验的护士会告诉你,在进入手术室前两脚交叠的病人,通常都是那些感到很害怕而又非动手术不可的人。

也许有人会说,采用这种姿势能使他们感到舒适。这是企图用舒适做借口,来掩饰真正的理由。如果你也有这个毛病,请你留意,一旦你在仰卧休息时发觉自己脚踝交叠的话,请松开它们,然后再体味一下,看看这样是否能使心情更容易放松。容易失眠者,如果采用脚踝交叠的方式睡觉,则更不容易入眠。

可见,足部总是默默地在倾诉着你的内心。如果你与他人面对面坐着时,也许你会有机会看到对方的鞋底。鞋底何处先磨损,因人而异。富有经验的鞋匠能根据鞋底磨损情况,了解他人的性格。比如,脚尖外侧磨损者,具有攻击性与积极的性格,而两侧磨损者,属于温和性人物。为什么能下这样的结论呢?因为,性格积极性的人,他走路时总是采用快步疾走的方式,所以鞋尖外侧较易磨损。

此外,足部也是推测人与人之间的亲密程度如何的准绳。比如,甲乙两个人站着谈话,如果他们俩人的足尖对着足尖,相隔距离很小的话,则可说明他俩之间的关系极为亲密。

这在身态语言里,称之为共有势力范围的状态,换句话来说,两人具有不容许第三者插入他们之间的密切关系。

反过来说,如果甲与乙的脚尖位置呈直角,或是分开站立成60度角度的话,那么他俩之间的关系并不怎么深厚、而且允许第三者来加入他们之间的谈话。

腰腹部和臀部

有一位著名舞蹈家曾经说过这样一段话:舞蹈中,腰部始终保持在与地板平行线上移动,是舞蹈的基本要领之一。这样,才有可能给观众带来安定感。换句话说,舞蹈是凭借着腰部的稳定,而表现出精神上的安定感。所以腰部的作用不仅仅限于肉体上, 也担负着支持精神的角色。也可以这样说,腰部是表达人类精神语言的一个媒体。

比如,用低姿态待人,不仅仅解释为身体的腰围部位放低的意思,更有精神上居低下位置的意义,以之明确表示对他人的"谦逊"。弯腰鞠躬的姿态,就是这一心理的表现。

另外,弯腰的动作也能表现出另一个不同的意义,它比谦虚的态度更进一步,能演变成服从对方的心理状态。

莫里斯博士曾这样说过:"人具备着和其他灵长类动物的共同特征,即用蹲、悲鸣等动作做出基本服从的反应。人把各种服从的表示予以形式化,连蹲的行动本身也演变成了跪伏、叩拜等动作。人把自己的柔弱的形态,呈现在跪下、鞠躬、作揖等礼仪上。人之所以会做出这样的行动,是为了在居优势者面前将自己的身体放得更低。相反,人在向他人威吓时,则用力挺直腰背,尽可能地将自己的身体增高、扩大。"

放低腰部、采取低姿态的动作,表现出了服从对方、压抑自己的心理。

除此之外,关于腰部的动作也很多。比如,两手叉腰的动作,常出现在准备上场的运动员身上,这是表示自己已做好了充分准备,打算决一雌雄了。同样,在争吵的双方中,有一方决心向对方一决雌雄的话,他也会采用双手叉腰的姿态。

还有些人,他有将双手拇指插入腰间皮带部位的动作,这一动作显示出他要威慑对方。

人在站立时,腰部的动作传达出了身态的语言,那么,当人坐下或蹲下身,臀部会"说"些什么呢?

坐的动作,同样也因人而异。

有的人会把身子像猛扔出去一样,一屁股重重地坐下;有的人则慢慢地、轻轻地坐下;有的人在坐下前会拉一拉裤子;有的人会把身子深深地陷在座位里;有的人只浅浅地坐半只屁股……这种种坐姿,无不坦白地说出了各人的心理状态。

不管面对的是初识还是熟人,猛然摔坐在椅子上的人表面上似乎是一副不拘小节的样子,其实,他的心理状态和表面上的情况完全相反。这种看上去随意的态度后面,深深地隐藏着内心的极度不安。这种坐态,出自不愿被对方识破真正心情的抑制心理。尤其是面对初次相识的人,这一心理更加强烈。采用此种坐姿的人,在他坐下来以后,往往会表现出心绪不安、不时地移动屁股或心不在焉的神态。

对于那种舒适地深陷在座位中的人,是在向他人表示着自己的心理优势。因为坐的姿势,是处于人类活动上的不自然状态,坐着的人必然在潜意识中存在着立即可以站起来的心理。这在心理学上,称为"觉醒水准"的高度状态,随着紧张情绪的解除,该"觉醒水准"会随之降低。于是,人的腰部逐渐向后挪动,变成身体靠在椅背、两脚向前伸出的势态。采用这种坐姿的人,很难一下子就从座位上站起来,这说明,他认为面对他人不必过分紧张,也不必担忧对方会侵犯自己,他有充分的自信可以统御对方。所以深陷在座位中的坐态,是在向你发出"优越"的信号。

相反,那些浅坐在椅子上的人,即只坐半个屁股的人,乃无意识地表现出自己居于心理劣势,而且缺乏精神上的安定感。在对方面前,他处于从属的地位。

但也有这种情况,他的屁股浅浅地坐在椅子的边缘,手肘搁在大腿上，双手松弛地悬荡着，采用这种坐姿的人，表现出一种好奇心，对正在谈的问题觉得有趣。

当人们心中准备要向对方让步、合作、购买、接受意见或要征服对方时，就会移动屁股坐到椅子的前端。

有一种俗称为"猴子屁股"的坐姿，即坐在座位上犹如坐在针毡上一样不安宁。其实，出现这种情况的问题并不在于座位的好坏，而是此人在精神上感觉到了一定的压力。当你在听课或听报告时，如果内容枯燥无味，就会像猴子一样坐立不安，但一旦话题变得十分有趣时，这种现象会烟消云散。

科学家经过一系列的观察和研究，积累了许多有关"坐立不安"的人的资料，他们发现大部分人坐立不安是由于下列原因：

1)太疲倦了。

2)对他人所说的话不感兴趣，无法专心地听。

3)生理反应告诉他们一个特别的时间已到，比如，午休的时刻已到，该休息了。

4)他们的坐椅不舒服，或有虫咬等。

5)他们另有心事。

一个人想做出某种决定时，不但会在座位上坐立不安，而且还会无意识地猛扯裤子。等到下了决心之后，这些动作就会停止。因此，我们可以借此作为标准，判断出对方是否处在想做决定而尚未做出的时候。

接下来，再看看腹部的身态语言。

漫画家总是把富翁、领导阶层的人画成大腹便便的形象，这就是所谓的"器宇轩昂"的人。俗话说，"宰相肚里能撑船"。人们多以腹大来形容一个人的气度大。一般地来说，气度非凡的人很少会有缩腹弓背的姿态出现。

大腹便便者，把自己身上最脆弱的部位挺起突出在他人面前，说明他自视优越，对他人不防范，自信、满足、轻松态度。

反之，采取紧收腹部的蜷缩姿态的人，正被一种不安的、不满足的、消沉的或沮丧的心情支配着,处于防御心理状态。

这里有一种有趣的现象。当别人对你表示坦率和友善时,则经常会在你面前解开外衣的纽扣,甚至脱掉外衣,袒露出自己的腹部。专家们观察后得出结论,在一个商业会议上,当讨论者开始脱掉外套时,便可以判断出,他们所讨论的某种协定,有达成的可能。不管气温多么高,当一个商人觉得问题尚未解决,或尚未达成协议时,他是不会脱掉外套的。解开上衣露出腹部,表示该人对对方不存有警戒心理。

就如其他的态度一样,开放的态度也会鼓舞其他人产生类似的感觉。我们发现,解开外衣纽扣的人,达成协议的比率高于不解开纽扣的人。很多采取防卫姿态的人,会把原先敞开的外衣重新扣上,而对于某些乐于改变心意的人,他会本能地将外衣的扣子解开。

有一位新娘提到,在她夫家举行的宴会中,要区别出谁是这个家庭中的成员,对她来说非常困难。但是有人要这个新娘凭借着身态语言猜一猜,谁是这个家庭的正式成员,谁是这个家庭的朋友,总共要猜十人。她只凭着哪些人将外套脱掉、或是解开扣子来猜,结果猜对了八人。而她猜错的两个人中,一个是二十年来一直参与这个家庭事务的老朋友,他的衣扣是解开的;另一个虽是家庭成员,他的扣子却是扣上的,因为他很少参与这个家庭的事情,是个"独行侠"。

所以说,在跟人交谈之中,由解开上衣纽扣、将腹部敞开的态度,便可以看出他已将防备对方的警戒心完全解除,采取了开放自己的势力范围的势态。

和解开扣子相反的是直接勒紧腹部,这表现在腰带和皮带的束法上。比如,重新束紧皮带和腰带的动作,可以看做有给自己打气的意图。像练武的人一样,束紧腰带是为了下腹用力,凝气于丹田。所以束紧皮带是为了借此举增强胆识和意志力,面临再度的挑战。

还有一种现象。在久坐的情况下,我们常见某些人不断地用手整理皮带,做出放松的动作。当然,除了因饱餐而肚子胀的原因外,这种举动也存在着心理上的因素。当他对那个场合的气氛感到疲倦时,便会凭借着放松腹部，使自己的精神从紧张或压抑的状态中得到解脱。这也可以被看做是放弃了继续努力的意志，或是向对方宣布暂时休战的举动。

处于对立关系中的人们，经过一场勾心斗角的较量后，一旦达成了协议，为了表示自己有雅量，常常会拍一下自己的腹部。这一动作，常见于中年人身上。

无论男女，在与异性见面时，无意识中身体都会发生变化，对可想的行动产生相适应的身体状态。通过仔细观察我们又可见到此人脸、颊、眼部等处的肌肉都绷紧了，给人一种表情活泼、生动的印象。特别引人注目的是，平时腹部松垮的男性，这时紧缩下腹，便全身呈现出一种青春气息，这即表示，他进入了备战状态。

一般的男性在异性面前都会做出这种动作，女性能敏感到男性的这种无意识的动作，这即所谓的男子汉气概。所以腹部松弛的男人，是不太受女性欢迎的。

另外，当一个人强忍着即将爆发的愤怒时，或当他感到强烈兴奋之时，腹部会因为呼吸的急促而起伏不停。具有神经质性格的人，或心中有所不安的人，会用手抚摸腹部，按揉肠胃等内脏器官。在生理上，老是疑心自己肚子里有什么东西存在的人，精神上是不会愉快的。

胸部和背部

直立行走使人类的手得到了解放，手不再和脚一样担负行走的机能，从而使自己能使用工具和火，以迈入文明世界。直立行走的姿势，不但在人类学、动物学的立场上有着极深远的意义，对于身态语言来说，也具有极其重要的意义。

由于人类的直立行走，使胸部最需要保护的心脏部位全面向外暴露，所以从胸部传达出的身态语言，深深地遗留着自我防卫的本能。在中国古代武士的盔甲上，总要装上厚厚实实的护心镜，便是一明显的例证。

在中国，用手紧贴心脏部位来表达自己的忠诚或可靠，已沿袭成俗。比如，清朝下属拜见上司的礼仪中，就采用单膝下跪，一手按胸、一手按地的姿势。历代的绿林好汉、江湖侠客们遭遇到对手时，为了表示自己无敌意，也总是双手抱拳于胸前行礼致意。

其实，用手护胸的动作，还暗隐着保护自己的意义。因为既然把自己放在他人的下属或对等的地位上，在优势感消失的情况下，我们更有必要注意防卫自己的心脏部位。

男人经常故意采用暴露心脏弱点部位的姿势，来传达某种信号。比如，高高地挺起胸脯的姿势，是在无声地表示着他的自信和得意。胸脯挺得过分的高，则变成了十分傲慢的意思。对这种过高挺起胸脯的姿态，会使别人受不了，而发出"那家伙摆什么臭架子"的怨言。

挺胸而全面暴露自己弱点部位的姿态，说明他完全不把对方放在眼里，毫不在乎对方可能会发起的攻击，在精神上他处于绝对的优势地位；同时，挺胸的举动也是他竭力扩大自己势力范围的一种表示。

通过观察可以看到，西方的政客、律师等从事专业性工作的人，常会摆出手插入西装口袋或是两手按着西装衣领边、将胸脯挺起来的姿态，这也是轻视对方、尽可能扩大自己势力范围的表现。

总之，挺胸者绝对属于在力量上、精神上占上风的人。

与挺胸的动作相反的，是双臂交叉着横抱在胸前的姿势。这是一种保护自己身体的弱点部位、隐藏个人情绪以及对抗他人侵侮的姿态。这种防卫的信号，甚至带有敌意的暗示。

这种双臂交叉于胸前的姿势，是日常生活中常见的姿态。这种姿势几乎在世界各地都表达着同一种意义——防卫。

这种姿势，也通常表示着否定和拒绝。有些人自顾高谈阔论，没有留意到自己摆出了抱臂于胸的姿势，这样，他的滔滔言论非但不能说服对方，反而会起到刺激对方的作用，使原本愿意和他亲近的人逐渐疏远。每当我们发现对方采取这种姿势时，就表示他想结束这场谈话，你应该知趣地收起自己的滔滔长谈。

人体胸部的反面是脊背。背部所表达的身态语言，亦是十分精彩的。

从解剖学的角度来看，背部比胸腹部更平，似乎是难以表现人类感情的部位。不但如此，人们为了掩盖自己的真实感情，不让他人看清自己的表情，往往采取背转身子的动作，把一个平平板板的脊背对着对方。难道背部只能帮助人们隐藏感情而不能表达复杂的心理活动？不，事实恰恰相反：转过背以隐瞒自己感情的方法，恰恰暴露出了他内心的复杂和矛盾。

背部所发出的身态语言，有三种表达方式。第一种，是从它的形态上来显示；第二种，是从转身的方向和角度来表示；第三种，是从势力范围方面来说明，各种与他人背部所接触的方式。

从背部的形态上，可以判断出一个人的内在个性。一般而言，挺直脊背的人，律己甚严，充满自信，然而，却容易受到刻板思维的束缚。换句话说，这种人信心充足而灵活机动不够。

美国非语言情感传达的研究学者尼伦伯格在他所著的《解读人心的技巧》一书中指出："知道应如何提高业绩以便使自己晋升的人，必然采取堂堂直立的姿势，以此明确表示自己充满了自信。"我们从小就接受着"要做一个光明正大、顶天立地的人"的精神教育，这"顶天立地"的外在表现，就是挺直脊梁。尼伦伯格在他的书中又说："只要撑开肩膀，挺直腰杆，消沉的情绪自然会消失，而产生一种振作奋发的气概。"由此可见，挺直腰背的动作和人的精神状态有极密切的关系。

当打开电视机收看歌舞节目时，你会发现，那些美声唱法的歌唱家，一般都采取挺直脊背，直立不动的姿态；而那些演唱流行歌曲的歌手，却总是载歌载舞地做出许多洒脱的动作来。那些直立挺背的歌唱家，十有八九都接受过严格的正规音乐训练。只要他往台上一站，就会不由自主地严格约束自己，透露出他对自己演唱技巧的自信。

从身态语言的理论可以引导出，采取弓着背的姿势，意在封锁胸、腹等要害部位，是一种不让他人侵入自己的势力范围的防卫性姿态。所以弓背者一般不求自我表现,举止慎重且又好自我反省,这是性格孤僻的外在表现。

如果在人前不但弓着背、而且还低下头,闭起眼,则表示你畏惧对方,在精神上完全居于劣势。"诚惶诚恐"一词所描述的,便是蜷缩身体,藏头缩尾的姿态。

再比如,两人对坐,一人采取挺直脊背的姿态,而另一个却弓着背,该作如何解释呢?那个挺直脊背的端坐者,可以说是在本身和对方之间筑起无形的墙,不愿接受对方的意见,该姿势隐藏着坚决拒绝对方的心理。而弓着背者,显然居于劣势,他不是在检讨自己,便是在乞求对方的帮助。然而,如果挺直脊背者不改变姿态,是不会接受弓背者的要求的。

再来分析"转身"的动作。转过背去,对男性来说表达着拒绝对方的意思,但对于女性来说,则另有一层意思,我们以后再说。

此外,在多数人在场的情况下,转身的意义多少又有点不同。比如,在有他人在一旁的地方打电话时,即使交谈的内容并不会直接被他人听到,此人也常会做出转身背对他人视线的动作。从这一动作我们可以猜测到,他谈话的内容属于在商量疑难问题或秘密性的事情者居多。这一动作也是在向他人发出"不要走近我"的信号。

在双方接触之中,拍对方的背或互相勾肩搭背而行,是非常惯用的动作。拍背的动作,属于互相触摸的范畴,有着多种不同的意义。

父母拍子女的脊背,表示着亲热和信赖;如果是上级拍下级的背,则在无声地表示:"去吧,我希望你能完成这一任务。"暗喻鼓励和打气。

在同性朋友之间,或在亲属之间,在年龄不同但关系较亲密的男女之间,拍背的动作,往往表示着对某一个问题彼此有同感或共鸣,或是表示十分激动和互相敦促的意思。比如,你去看球赛,想必经常目睹到这样的情景:当一方获胜时,队友们互相轻轻拍打着背部或互相搂住肩背,以示共享喜悦。所以搂住对方的背部,也有借肉体的接触,把自己的情绪传达给对方的意义。

总之,互相抚摸背部的动作,可以看做是为了加强关心对方,或追求更深人际接触的表现。

肩膀和颈部

肩动作能表达的语言范围很广,它表现了威严、攻击、胆怯、安心、防御、勇毅等多种的身态语言信号。

从生理解剖的角度来看,肩部处于手臂和身体的连接部位,因此能起到缩小和扩大势力范围的作用;同时,由于肩部较接近他人的视平线,所以肩部的活动十分容易引起别人的注目。

美国的身态语言专家劳温博士分析说:"当人在心中积压了满腔的不平、不满而愤怒异常时,他会把双肩往后缩;耸肩则表示着不安、遗憾或恐怖;使劲地张开肩膀的牵连动作代表着有强烈的责任感;而当自己因为担负着重大的责任,感到了精神上的沉重压力时,会无意识地把双肩向前挺出。"

以上这些肩膀的动作,有些是西方的常见动作,如耸肩的动作,东方人并不惯用;但是,不论有如何区别,有一点却是大家所公认的,即肩部常被看做是象征着男性尊严的敏感部位。

古代武将穿戴的盔甲、现代军人配戴肩章,都在有意强调肩部,以夸耀自己的威严。现代的西装在肩部填入了垫肩,使肩膀看起来更宽阔厚实,这跟故意地耸起肩头的动作同属一理,意在显示自己的男子汉气概,并威吓对方。

既然肩膀显示着男性的尊严,一旦遭人侵犯,对方会做出什么反应来呢?也许你有过这样的经验:在街上行走,不留心踩了他人的脚,只要说声"对不起",双方就会相安无事。要是你猛然撞了别人的肩膀,尽管你赶紧道了歉,对方至少会瞪你一眼,换了你自己,恐怕也会窜起一股无名之火。

男性为了表示自己的男子汉气概,常常故意把大衣披在肩上。历来的将军和统帅,都有肩披披风的装饰法,这也是为了体现自己的威严,扩大自己的势力范围,强调自己的统御权。现代不再时兴披风,男人们便有将大衣或西装上衣搭在一边肩上走路的举动,这流露出了其要充分表现男性气概的心理。凡是把衣服搭在肩上走路的男人,绝对不会采用弯腰驼背、衰弱无力的行走姿势,他们必定是挺起胸、迈开大步地走着,这种姿态常常出现在中青年男性身上,而老年人很少会采用这种姿势。

耸起肩膀是为了夸耀自我,缩起肩膀的意义就与它相反了。缩肩是一种缩小势力范围的动作,是防御心理的反应。它表示了身态语言上的"不愉快"、"困惑"和"疑虑"。外国人的缩肩动作,除了表达上述意义外,还有"惊愕"和"冷笑"的意味。换句话来说,缩肩说明了这个人对面对的事物提不起精神来,有企图避开对方攻击的意味。

两人在面对面的交谈时,如果一方想要避开对方犀利的话锋,则不宜采用双肩正面对着对方,承受挑衅的姿势。这样的姿势只会更激怒对方,并在自己的心理上造成重大压力。在这种情况下,你不如采用斜着一侧肩膀面对对方来倾听其谈话的姿势。

这种用肩膀侧对他人的姿势,既不是正面接受对方的挑战,更不是一开始就想畏缩逃避的姿势,而是处于静观对方的态度变化的警戒状态。

如上所述,肩膀的动作无论是在积极的意义上还是在消极的意义上,均能最直截了当地将自我的存在传送给对方,一个人的肩部是绝对不是能轻易让他人侵犯的部位。然而,如果彼此之间是亲密的朋友,却又另当别论了。我们可以从一个人容许对方侵入自己肩部势力范围到何种地步,来确定他们之间的亲密程度。

比如,如果他们两肩相依,或者手与肩互相接触的话,可以确认这两人的关系十分深厚。朋友之间在街上相遇,会采取一手搭在对方肩上同行的姿势,这等于是在说:"老朋友,干得不错吧!""嗯,好极了。你呢,我的好伙伴?"

这一动作如果用在父子或上下级之间,意义也相同。

但在另一种场合,用手拍打对方肩膀,却有着双重的意义。比如,当你受到了处分时,或职工被上司劝其辞职之时,也会出现一方拍打另一方肩膀的动作。一方面,这是在说:"我对你是友好的,之所以会做出这一决定,乃是迫不得已。"另一方面,他是借表示同情而拍对方肩膀之机,擅自闯入代表着你男性尊严的部位,这是轻视人格的表现。用拍肩膀的动作巧妙地把友好意识和威慑态度结合在一起,可以看做是一种软硬兼施的行为。

不管怎么说,肩与肩或手与肩的互相接触,确实是走向心与心的沟通的第一步。

在人类的社会生活中,我们总是用点头和摇头来表示肯定和否定,这是人类传达情感的一个关键性的表示。而在身态语言学中,指挥头部做出点头或摇头动作的部位,是颈部。

颈部所传达出的身态语言的信号,以颈部肌肉牵动它上端的头部所发出的情况居多。

不过,颈部表示"是"与"不是"的动作,并不是全世界都通用的。中国和英语国家的人,都采用肯定时点头,否定时摇头的姿势;而在东欧的某些国家,表示肯定时则左右摇头,让对方看到自己的耳朵;表示否定时却采取先把头往后倒,随即再弹回原处的姿态。

颈部除了能表示出肯定和否定的身态语言之外,还有一个很大的功能,就是"应和"。所谓"应和",就是在对方谈话时,一方以点头做应答的动作。一般而言,应和也是一种表示肯定的意思,即你对对方所说的话,表示出赞同、感兴趣、欣赏或明了的意思。

然而,也并不都是如此。当一方觉得你是"老生常谈"而感到索然无味、希望转移话题说些他感兴趣的事时,他就会无意识地用过度频繁的应和来对待谈话者。他这时的应和完全是机械的、敷衍的,他是出于礼貌才没有公然打断对方的话。

那么,怎样才能区别肯定的应和与否定的应和呢?一个人在说话时,会有抑扬顿挫的声调,每句话会有长短轻重之分,如果听者被你的话所吸引,那么,他的应和也会随着你的话而有强有弱,有快有慢。这就是和谈话配合默契的肯定应和。

反之,那种缺乏强弱快慢感的、过于频繁机械的应和,便是否定的表现了。

除了肯定和否定对方的谈话之外,应和还有进一步引导谈话的作用。

比如,当你肯定了对方的话题正是你所想听的时候,可以轻轻地随声应和。或者,当对方的话题渐渐接近了你所想听的核心问题时,不妨加强应和的动作,一边深深地点头,一边做出摇晃身体的动作来。如是这样,对方往往会紧接着说下去,直到说出肺腑之言为止。

当然,也有相反的情况。如果你觉得他的话题渐渐地偏离了主题,只要把上身稍微往后倾,偏离对方,故意不做出应和的动作来,就会引起对方的警觉而自觉地把扯开去的话题再拉回来。

除了上下点头和左右摇头外,斜着脖子又暗示着什么呢?这是一种表示疑问和犹豫的信号。如果是用力地甩动脖子的话,那么,否定的因素就相当强烈了,它正在向你表示"我很难同意你的观点"。表示倔强、不服输的心理状态的动作,是歪扭脖子,俗称"牛脾气",因为牛在反抗主人的意志时,往往也会扭转脖颈。

公鸡和雄鹅在争斗时,会竭力伸长挺直脖子,人也是这样。当一个人和对方争斗时,就会把头伸向前方,摆出一副昂首的架势。与此相反的是,当一个人失败时或内心沮丧时,脖子会变得十分无力,似乎承受不起脑袋的重压而垂了下来,成语"垂头丧气"正是这一姿势的最好写照。采取垂头的姿势,意在使自己的目光向下,以躲避开他人目光的注视。当你看到一个人低着头走在熙熙攘攘的大街上,一定会猜测,这个人正在被忧郁和苦恼深深地搅扰着内心。

还有一种以自我触摸的形式表现出来的姿势,即把一只手搭放在自己的颈背上,在需要防卫的情况下,人们的手常不自觉地放到后脑勺上去,但是在防卫性的攻击姿势中,他们把手放在脖子后面,伪装成是在防卫,却意在攻击,所以请你留意:当一个人怒不可遏的时候,往往会做出把手放到脖子后的动作来。

手和腕部

俗话说,"眼睛比嘴巴更会说话"。其实,从身态语言的角度来说,不如把其改成"手比嘴巴更会说话"。因为,手是人身上最灵活的一个部位,它可以毫无困难地直接表达出一个人的内心情感和欲望。

当你非常紧张,或恐惧万分的时候,由于神经的作用,手掌心会出现冒汗的反应。这种由心理到肉体上的反应,是任何人也掩饰不了的。

"手足无措"、"袖手旁观"等成语,是人类千百年来经验的汇聚。它说明,在人际关系之中,手是最有效的情感传递工具之一。眼睛的信息传递是微妙的,而手所发出的信号却是直截了当的。

最佳的实例,便是握手的动作。

人与人之间互相握手,不但有着"用手去了解对方"的目的,而且还能解除对方的心理武装,产生微妙的心理变化,功效可谓神矣!

握手的习惯,各国都不一样。法国人在走进或走出一个房间时,都要和主人握一次手;而德国人只在进门时握一次手;有些非洲人在握手之后,会将手指弄出清脆的响声,表示自由;另外有些非洲人则认为握手是卑鄙的行为。无论如何,与人握手之前你最好先了解当地的习惯。

几乎是全世界的人最不喜欢握的,是对方又湿又冷的手,出汗的手掌通常是表示神经紧张、有气无力。"死鱼"般僵硬的手掌,同样不受欢迎,这说明对方并不想和你沟通心灵。在西方竞选活动期间,竞选的政客们会右手抓住对方一只手,再把左手搭在互相握住的手背上,或者以右手握手,而用左手抓住对方的右前臂或右肩膀。这种握手的方法,若是用在两个非常亲密的朋友之间,是完全正常的。但是,用在一般的朋友之间, 就会使大部分人觉得很不舒服。人们会认为这种姿势不够真诚,是一种奉承巴结或表示虚假的友情。然而,很多政客们还是坚持着用它。

根据国外的一些研究,一个人的个性,可以从握手中看出。

下面便是我们经常遇见的几种不同的握手类型:

1)无精打采型:这种人握手时,手指头软弱无力,手也握得不紧,常见于悲观、犹豫不决的人。

2)大力士型:这种人出手猛烈,握时会用大劲,活像一把老虎钳,非等对方有畏缩或激动反应时,才肯松手。这是一种性格鲁莽,喜欢以体力标榜自己、好争雄的人。

3)踌躇型:这种人无法决定自己要不要跟人家握手;当对方断定他不会跟自己握手而把手缩回去时,他会突然把手伸出来,等待和对方握手。这是一种前怕狼后怕虎、遇事迟疑不决、缺乏判断力的人。

4)保守型:这种人握手时,手臂不愿伸长,肘部的弯曲度成直角,喜欢将手臂贴近身体,充分显示出谨慎与保守的个性。

5)强迫型:这种人从不肯放过任何可以同人握手的机会。不论是向对方告别、访问,还是偶尔邂逅,他总是不论亲疏地先伸出手来和对方握手。这种近乎强迫性的握手动作,反映出他内心的不安和自卑。

6)敷衍型:这种人把握手看成是应付人的例行公事。握手时他们仅把手指头伸向别人,毫无诚意可言。用这种握手方式的大多是做事草率、怠惰成性的人。

7)粗犷型:这种人握手时的动作比较粗犷,紧握了对方的手后,不停地摇晃的动作。这类人具有坚定的意志,秉性刚强。

8)说教型:这种人会先握住对方的手,以示好感,紧接着便滔滔不绝地向对方发起宣传攻势,不达目的,誓不放手。这种人往往是机会主义者,善于利用别人来满足自己的欲望。

9)统御型:这种人在握手前先凝视对方片刻,或在握手时翻过手腕把他人的手掌压在自己的手掌下方。他们具有强烈的统御欲,企图通过握手使对方处于心理上的劣势。

10)自我型:在宴会等多人聚集的场合上,能够轻松自如地和陌生人握手的人,具有旺盛的自我表现欲。

此外,当你握住他人的手之后,对方如用力回握,则说明他具有好动的性格;若对方回握乏力,则说明他缺乏气魄,是个性懦弱者。

除了握手外,各式各样的手势和动作更在无声地表达着无穷的意思。比如,同亮开掌心与人握手动作相反的,便是紧握拳头。

握拳的手,不但呈现出了内心的紧张,同时也是一种明确向他人挑战的姿态。同样,把手指关节扳得咯咯响,用拳头击打另一手掌的动作,也是在向对方传达威吓、攻击的信息。

当内心产生某种强烈欲望时,人很快就会摆出备战的姿态。比如,一个人双手用力地抓住桌子边,做出这个姿势的人,无论是坐着还是站着,都强烈地在表示出"注意听!我有话要说!"如果你不认清别人的这个姿态和随后即将爆发的情绪,就可能把场面搞得尴尬异常。

有时,当一个人十指交叉时,不论手是放在桌上或腿上,都会将两个大拇指互相摩擦或互绕着小圈子。这是一种在寻求保证的动作。这种姿势表明,他在做出最后的决定之前,还有些东西确定不下来,希望能从对方那里得到更为可靠的保证。

在讨论会上,一个众人注目的核心人物,常会采用双掌相握的姿势。当有人要求他回答一连串棘手问题时,便会采用这种姿势。而双手紧绞在一起的人,常是精神紧张而难以接近的。

在与人交谈中,不停地用手指头或铅笔敲打桌面和抖脚,与用脚尖拍打地面的动作相同,都是想借以解除紧张感。有的人会在打电话时,另一只手不自觉地玩弄着一支铅笔,甚至把它折断了。这不仅说明他的这个电话事关重大,引起了其内心的紧张,折断了的铅笔更说明他在这桩事情上受到了挫折。

有的人在开会时,会用手指沾着茶水在桌上乱涂乱画,或干脆在纸上胡乱涂鸦,这种姿态表明,他对会议内容毫无兴趣。

每一个人,都会用手势来表达出内心的期待。比如,在期待金钱时,有人会做出食指与拇指互相搓擦的动作,酷似在点数钞票,乞丐把手掌向上摊开，则是期待着他人的施舍；当小孩看到母亲从市场上满载而归，会高兴得摩拳擦掌，表现出一副期待的姿态；当销售人员得到了一条销售新渠道的消息时，会高兴得连连搓手，期待着能在销售工作中创造出奇迹。

通常，人们在参加某种活动之前，会搓揉双手，一副要洗手的样子，这是在无声地传达出他对这项活动很感兴趣。赌博的人，在把骰子掷出去之前，总要将其先放在两手掌中间搓一搓，或许这是基于期待的心理吧。

许多对自己没有信心的人，会神经质地慢慢地把湿漉漉的手掌按在某件东西上摩擦，男人们通常是把手在裤子上搓着，这是在向你透露着他心中的紧张和不安。

在许多紧张的场合中，我们还可以看到这样一种动作：某人不动声色地把手指互相交叉了起来，这表示他心里有某种要求，而且希望能达成此愿。当然，手指交叉，在不同的地区会有不同的解释。比如在某些拉丁美洲国家，这种手指用来表达两人间有十分亲密的关系。

大部分的人要向他人表示真诚和公开时，会采用摊开双手的姿势，意大利人受到挫折时，则会将摊开的手放在胸前，做出"你要我怎么办"的姿态。

有自信心的人大都会用手做出尖塔姿势，即把两手指尖合拢，形成一种"教堂尖塔"式的手势。这是一种有信心的动作，但有时也是一种装模作样、妄自尊大、独断而又傲慢的动作。做出这种姿势的人，对他所说的话，都会十分的肯定。

尖塔姿势有公开和隐蔽两种形式，女人们常用隐蔽的形式。我们在此看看男人们是怎样运用这一手势来传达他们的情绪的吧。

在国外，职员、律师等人较多使用这种尖塔的姿势。根据统计资料得出结论，自视愈高的人，尖塔姿势的位置也越高，有人甚至在齐眉地地方做出此种手势，从手掌缝中看人。

另一种较优雅的尖塔姿势是两手紧合，以双肘为尖塔的基部，这是显示充满信心的姿态。

有时候,你可以利用尖塔姿势,作为向对方反击的有力武器。当你感觉到对方的谈话中有一股咄咄逼人的气焰时,不妨故意做出尖塔姿势来。那么,也许正在瞧不起你的对方,接受到这自信的信号时,一刹那间会产生一种困惑的心理,而在以后的谈话中慢慢地改变态度。

当你在主持会议或给学生上课时,如果感到会场中或教室里太吵闹,不妨故意做出尖塔动作试试,以借着独断和高傲的表示,用以达到威慑学生或与会人员的目的。

两手在身后相握,是表示男性权威性的姿势,因为你若把双手背在身后,必定会导致胸脯挺出。这种姿势是可以常常看到的,比如,在街上巡视的警察、检阅新兵的军官、训斥下属的上司等等。摆出这种姿势的人等于是在宣布:"这里的一切都是我说了算,你们必须听我的。"

除了直接以手来表达情绪外,有时人们还会用玩弄手中小东西的办法,来泄露自己的内心隐秘。比如,跟初次相识的人见面,或对弈中的棋手之间,为了排遣自己紧张的心情,有人会不由自主地玩弄手中的火柴盒、打火机、棋子等等。

但是,这种动作,在谈话时常能吸引对方注意你手中的动作和小物件而使谈话变得无精打采。如果你想尽早地结束这场谈话,就可以利用这 点,来使对方打住话头或转移话题。

当你想拒绝对方传达过来的情感时,千万别去碰对方拿出来的物品。尽管手与手没有直接的接触,但是透过该物品,你们已经形成了接触,而将原本的心意演变成接纳对方的信息。所以上街购物时,尽可能不要去碰店员拿着给你看的东西,因为一旦伸手接触,你便跟对方构成了亲密感,容易被说服而买下并不需要的东西。

不过,仍有几点需要说明:

1)要正确理解对方的身态语言,必须综合起好几个动作或姿态来分析,光从某一个孤立的动作着手,是不能作出正确的判断的。比如,你光看对方眉毛的动作,就不会知道他在表示什么,只有把眉毛、眼皮、鼻子、嘴和脸部的表情综合汇聚起来,你才能真正洞察对方。一个个孤立的动作就像是一个个单独的汉字,望"字"生义是会出偏差的。只有把字组成句子,我们才能明白其中的意思。然而,话又说回来了,要看懂句子,必先学字,不识字,就谈不上读句子。所以我们在下面的篇章里,将逐一地介绍比较孤立的分解动作,以让大家先"识字"。

2)一个人身态语言的表达,和他的心理因素有莫大的关系。而人类在生理上的差异,必然又会影响到他的心理因素。所以身态语言在表达上,会因性别不同而产生微妙的差异。比如,女性的温柔和男性的刚劲,是因性别的不同而在身态上表现出来的不同点。另外,除了生理上的因素以外,流传至今的社会观念,以及男女在经济、社会地位和文化教育等各方面处于不同的境地,让其各自身态语言的表达和使用有着不同的表现方式,这是无可否认的。

2. 纠正错误的"逃离反应",别让自己在商务谈判上露怯

肢体语言是可以改正的,不管你是在面试,升职或担任高管的过程中。如同注意说话一样去注意身体语言,你的影响力将飙升!

逃避眼神接触

在一对一的谈话中,你是盯着脚下或前面的桌子吗?你从未看过聊天对象肩膀以上的部位吗?这些都说明你缺乏自信心、紧张和准备不足。另一种较常见的错误是因为在你和你的听众之间有别的物体,从而阻碍了彼此的直接交流。

技巧:看着你的听众。用80%至90%的时间看着听众的眼睛。真正的商业领袖在传递信息时是直接看着听众的眼睛的。请保持"开放",保持你的手打开、手掌向上,以消除你和你的听众间的壁垒。

坐立不安、摇摆或晃动

以上动作说明了你感到紧张、不确定或措手不及，请避免这些错误，因为这样做并不能帮你实现什么。一家电脑公司的高级业务主管要向他们的主要投资者传递新产品的讯息，但没有成功。之前这个项目的确是在他团队的掌控下，但他的身体语言却给了投资者其他的暗示。

做简报时前后摇晃，这就是这位主管的最大问题，它反映了一种能力与控制力的缺乏。

技巧：通过学习去做有意识的移动，才能避免职业生涯上的失败。

把手放在口袋中或手指纠缠

把手拘谨地放在身体两侧或塞在口袋里给人的印象是——你提不起兴趣，不想参与或紧张。

技巧：从口袋里拿出你的手，作些有决心的、果断的手势。保持两手高于腰部是一个很好的例子。这是个复杂的手势，反映了复杂的思想，并给了听众对说话人的信心。

站着、坐着不动

效率低的发言者几乎不会动，从头到尾都站在同一个地方。这反映了他们很死板、紧张、沉闷、没有魅力和活力。

技巧：激活你的身体，而不是幻灯片，多走动走动。大多数演讲者都认为自己需要笔直地站在一个地方，他们不明白的是，移动不仅是可接受的，而且是受欢迎的。一些最伟大的商业演讲者会走到观众中，并不停的徘徊，但他们并非漫无目的。

举例来说，一个充满活力的发言者将从房间的一边走到另一边去传递他们的信息。他指向幻灯片而不是阅读它，他会把手放在别人的肩膀上而不是与听众保持距离。

没精打采、后仰或驼背

这些姿态往往与缺乏自信联系起来，它们能体现或者被认为能体现——缺乏投入或兴趣，它们说明你没有权威，缺乏信心。

技巧：保持抬头挺胸。当站立时，脚打开与肩同宽，身体稍向前倾，这样的你看起来更投入，更有热情。肩膀略向前，会显得你更有男子气概。头与身体要直立，不要靠在桌子或讲台上。

虚假的动作

这正表明你准备过度，不自然和做作。你可以使用手势，但别过度。研究人员已经证明，手势反映了复杂的思想。听众能从手势中察觉到你的信心，能力与控制力。可是一旦你试图模仿一个手势，会被认为做作，像一个三流的政客。

技巧：你不想在会议过后遭到同事与朋友取笑，请减少手势的使用。

玩硬币、跺脚和其他令人讨厌的小动作

以上动作只能体现你的紧张，不自信或对细节不够关注。用一台摄像机录下自己的表现，再用挑剔的眼光去重看一遍。你是否发现了自己从未察觉过的那些令人讨厌的小动作？有位写了一本关于领导力书的作家，举办了一次对自身规划的讨论。在整个谈话过程中，他不停地玩口袋里的硬币。那天，他不但没有卖掉很多书，在领导力方面也没有得到高分。

技巧：紧张将体现在不停的跺脚、摸脸或抖脚上。一旦你明白自己的行为，便可以轻松地改正它。

如何把他"拉回来"
——教你追捕"逃跑者"

发现对方在与你谈话时心不在焉或者转移话题时，不要去责怪对方态度不认真，先想想自己的话题吸引对方吗？怎样探出对方的兴趣呢？

这需要从当时具体环境中觅取话题。或谈服装、饮料，或谈电影、电视，或谈国际新闻，或谈足球比赛，或谈房间陈设，或谈子女爱好……当发现对方对你所谈的内容显出冷漠的表情时,就要立即改换话题,再作试探。

另外需提及的是,即使是对方感兴趣的话题,也不能无尽无休地谈下去,同一内容谈多了,必然令人厌倦。要善于掌握交谈的火候,及时地转换话题,使对方始终保持浓厚的兴趣。

1. 找到对方的"线",将风筝"拉回来"

想了解对方因何对自己的谈话不感兴趣,就要想办法找到对方的"线"。

1)掌握兴趣原则。自己感兴趣而对方不感兴趣的话题应该少谈。比如对方对"钓鱼"既不爱好,又不在行,你却滔滔不绝说得津津有味,他不仅插不进话,说多了还会叫他感到厌恶;对方感兴趣而自己不感兴趣的话题,应该适时暗示,这样做一是顺水推舟,利用对方谈话中的基本内容,把话题顺势转移开去,二是移花接木,借用对方谈话中的某个细节,把话题转移别的内容上去。对双方都有兴趣的话题,我们不应随便偏离,要相互补充,相互渗透。这样最容易调动他人的注意力,让对方焕发积极的热情,使其不由自主地被你所吸引。

2)注意相似因素。人们倾向于喜欢在某方面或多方面与自己相似的人。与生人交谈之前,我们应从各方面了解能反映对方特征的信息,在外地碰到同一地域的人,你操家乡口音,对方会感到亲切,因为彼此的文化背景相同。在年龄上,老年人爱与老年人作伴,青年人愿与青年人为伍,这是由于双方年龄相似,彼此的兴趣爱好和节奏都容易协调。如果你与所要交谈的对象年龄上悬殊过大,作为主动者,你应力求找出与对方年龄相合拍的话题。面对女青年,如果从姓名、年龄、籍贯、职业、婚否逐项问下去,尽管你是无意,对方也会产生错觉和戒心。与社会地位、经济条件不如自己的人交谈,千万不可用闭口摆架子,张口摆阔气,否则,势必使对方产生逆反心理和不满情绪,出现"话不投机半句多"的局面。

3)要诚恳坦率。与人初次相识,开场白中的自我介绍不应自我贬低,这样做一则对方会认为你言不由衷、虚情假意;二则可能以假当真,使对方对你不屑一顾。但也要防止自我炫耀,那样做一会叫人觉得你夸夸其谈,华而不实;二会令人产生退避三舍的心理。在激发对方交谈欲望的同时,我们应注意如果对方支吾其辞,显然想回避某个问题,就不能追根究底,勉为其难,更不能主动打听对方的隐私,否则就难以顺利进入有共同语言可以交流的沟通境界。

2. 随机应变,让对方尽在掌握

逃离反应往往是隐晦的、细小的,并且随着根据不同的情况、不同的地点、不同的人物发生变化的,所以,我们一定要学会"随机应变",战国时期著名的纵横家鬼谷子曾经精辟地总结出与各种各样的人交谈的方法:"与智者言依于传,与博者言依于辨,与贵者言依于势,与富者言依于豪,与贫者言依于川,与战者言依于谦,与勇者言依于敢,与愚者言依于锐。说人主者,必与之言奇,说人臣者,必与之言私。"

这段话是什么意思呢?翻译成白话文就是说:和聪明的人说话,要见识广博;和见闻广博的人说话,要有辨析能力;与地位高的人说话,态度要轩昂;与有钱的人说话,语气要豪爽;与穷人说话,要动之以情;与地位低下的人说话,要谦逊有礼;与好斗的人说话要态度谦逊;与勇敢的人说话,不能稍显怯懦;与愚笨的人说话,可以锋芒毕露;与上司说话,须用奇特的事打动他;与下属说话,要用切身利益说服他。

《红楼梦》里的王熙凤可以说就是这样的例子。王熙凤就像一个高明的心理学家，她非常善于察言观色，辨风测向，经常对方还没有说出口的话，她便已经猜到了；若是对方刚说，她就已经办了，这样的例子数不胜数。在林黛玉刚进贾府时，王夫人问："是不是拿料子给黛玉做衣裳呀？"她答："我早都预备好了"。

脂砚斋评《红楼梦》曾这样说：她并没有预备衣料，她是机变欺人，但是王夫人就点头相信了，像这样的例子多得很。像这样能够顺应对方心理，急转直下又不着痕迹的本领，《红楼梦》里，只有在凤姐身上可以看得到，她这种机变之速真是能够让人叹为观止。

掌握几种随机应变的方法，你也可以将出现"逃离反应"的人拉回来。

最简单的：加标点符号的谈话

比如他说了八句十句，说完了，你说："啊，是的。"他又说了一段话，你同意，就说："对，是这样的。"假如有两个人一个只说，一个只听，就难以共鸣；就像两条平行线，延长很长都很难在一起，如果你说一句，我应一句，这样两条平行线会有交叉，就说明两个人说话时，想着同样的事情，这样的谈话效果才会理想。

对方说完一句半句，你就轻轻啊一声；他又说一句，你微笑一下，表示听懂了；他再说一句半句，你微微地点点头，这便是在打逗号。他说了一句，你感觉很惊奇说："啊……"以表示很惊讶，便是在打感叹号。

同样的，他说某事有多少方案时，你问："有多少方案啊？"这就是打问号。你还可以有冒号，"您说的是指？"破折号也一样的，"是——"。这样你就能把对方的话应下来了。可以使自己迅速和对方打成一片，交融在一起。

最直接的：让自己的声音充满魅力

很多人都爱听相声，都会被相声中那种唯妙唯肖的声音、语气给逗乐了。为什么流传了上百年的相声艺术经久不衰呢？其中一个原因就是相声演员的声音充满了魅力，能够使人爱听，愿意听。所以，侯宝林、马三立等艺术大师的精品段子如今还在人民群众中广泛流传。

声音是语言的载体,是我们了解外面世界的媒介,美妙的声音能带给人以美的享受。要不宋世雄、赵忠祥等人的声音怎么会感动那么多人呢?人们总是被富有磁性的男中音吸引,当你处于茫然无助之时,温暖的声音可能会让你顿生雄心,重新站起来,从而使事情有了"柳暗花明又一村"的转机。

要想使自己的声音具有魅力,就要提高自己的口语发送能力。

1)要发音准确,吐字清楚

读错字或发音不准,会闹出笑话,毫无魅力可言;吐字不清,含含糊糊,会使听众感到吃力,也会降低其接受信息的信心。

2)要注意声调和语调

声调即单个词的调子,语调即贯穿整个句子的调子,两者决定了声音的高低抑扬。语调可分为降调和升调两种基本类型,随着句子的语气和表达者感情的变化,可以变化出多种类型。语调有区别句子语气和意义的作用。如"你干得不错"说成降调,是陈述性句式,带有肯定、鼓励的语气;说成升调,是疑问性句式,带有不信任和讽刺的意味。在谈话时我们应注意把握语调,以增强吸引听众的魅力。

3)注意语言的速度节奏

人们说话时,影响速度节奏的主要原因是内心情绪的起伏变化。速度节奏的控制和变化一般要通过音调的轻重强弱、吐字的快慢断连、重音的各种对比,以及长短句式、整散句式、紧松句式的不同配合才能实现。人们应掌握这些规律,做到快慢适中,快而不乱,慢而不断,增强语言形象的美感。

此外,提高口语发送能力还应注意说话的语气,从语言的音强变化等方面来改进语音形象。

"余音绕梁,三日不绝",声音是语言的载体,声音动听,可以给人一种美的享受,使别人都爱听自己所说的话,所以我们在谈话的时候,要注意使自己的声音富有感染力,这样才能够打动别人。

"万变不离其宗"的基本法则

最后,要提醒的是,无论对方出现什么样的逃离反应,你要掌握"万变不离其宗"的基本法则。

法则一是注意观察他人。说话一定要看对象,要根据说话对象的不同情况来确定自己说话的方向。如果是一个豪爽的人,那你说话就应该豪爽一点;如果是一个内秀的人,说话就应该文明一点,这样大家才会喜欢你。所以,在张口说话前我们一定要注意观察人。

法则二是注意观察周围的情况。说话要能够恰当地和当时的情景融合到一起,避免说出不合时宜的话来。

每一个人都有自己的爱好,自己的风格,如果我们在说话的时候能够抓住对方的喜好,说别人愿意听、喜好听的话,就能够起到很好的作用,使你备受别人喜欢。

第五章

藏起安慰反应，不做职场可怜虫

如果对话的情境可以确定存在某种压力，那么安慰反应可以映射出此刻该人当时的内心状态——不舒适，会"下意识"地寻求安慰，这就是安慰反应，它是人受到负面刺激（批评、压力、否定等）后可能出现的反应。

当我们害怕的时候，大脑会发出信号——"不怕不怕，安慰我一下"，也许你自己并没察觉——轻轻按摩一下颈部、摸一摸脸或玩弄一下头发，这些动作完全是自发的。

但是要知道，这些不经意间的小动作流露出你的不自在和害怕，让别人一看就觉得你好欺负——让你帮忙印文件，帮忙打盒饭，坏事都往你身上推，好事却都变成别人的功劳。

如果你不想让别人透过这些动作看出你的脆弱，那就学会读懂安慰反应，并学会藏起你"不合适"的安慰反应，别给人一种"你管理不好自己情绪"的印象。

你的眼睛背叛了你的心——视觉安慰

婴儿看到色彩鲜艳的东西，或是看到家人，会看得很持久，有时还会咯咯地笑，但看到恐怖的东西会立刻转移视线，并且大哭。这是人们最基本的心理偏好，看喜欢的东西，人会心情大好，看不喜欢的东西，人会心情变坏。

在职场上，我们也是如此，当你因工作失误被老板训时，很多人会习惯地看脚尖，或眼睛瞅向别的地方，这也是因为老板的教训让人心情郁闷，眼睛已经开始在别的地方寻求安慰……

也许这不是你的本意，也许，你努力想做个控制自己情绪的人，但是，你的眼神告诉别人"我需要安慰"，告诉别人"我其实受不了"——这不是硬要给你安一个"脆弱"的罪名，而是很多时候，人们总习惯从眼睛变化的动作来透视对方的心理。

下面就让我们分门别类地分析研究一下"眼语"，然后，请你选择适合你此时此地的目光交流，而藏起对你不利的眼神，最重要的是，你要学会从对方的眼语里，找出他需要"安慰"的点是什么——这样你就可以更快更直接地达到你的目的。

1. 眼语：它决定你的一切意图

德国著名心理学家梅赛因说："眼睛是了解一个人的最好工具。"

1)初次见面便总爱将视线投向身边的人

在与某人初次见面的时候,如果你发现对方一边谈话,一边将视线投向别的地方,这个时候就一定要加以提防。这种人常常言不由衷,不太好交往。不过,这种情形也有例外,譬如有些人心中另有隐情,或感觉有愧对的人或事,为了不让对方看穿自己心底的秘密,也常将视线投向外边。

2)初次会面就用眼语的人

视线的交换往往是心灵交往的前奏。初次会面用"眼语"的人大多数是属主动型的人。一般而言,初次见面,就先用眼睛瞪着对方的人,具有主动的性格,在谈话进行中,这种人时时刻刻想占有优势。

3)交谈中,目光移向远处的人

在交谈的过程中,如果对方不时地把目光移向远处,则表示他对你的谈话内容不关心或正在盘算另一件事情。这个时候,你最好不要继续你的内容了,否则会起对方的反感。

4)交谈中,眼睛不停地转的人

如果和你谈话的人在谈话的过程中眼睛上下左右不停地转,表现出不沉着时,可能是这个人不敢面对你而在说谎。研究发现,这类人多半是心里有一定的难处,为了不失去对方的信任和帮助而对某些事情真相有所隐瞒。

5)长时间凝视对方的人

如果一个人长时间凝视对方,目光久久不移开时,说明他肯定有事情隐瞒。这种情形一般是曾经向对方借过钱,但是无法偿还,或过去曾被人欺骗过,不希望让对方知道诸如此类的情况。

6)与异性眼光相遇故意躲开的人

如果一个人和异性视线相遇时却故意躲开,表示关心对方,或对对方有喜欢的意思,另外也表示不好意思或害羞等拘束行为。

7)频频交换视线的人

在交往中,对方对自己到底有没有兴趣或亲近感,可以从视线的有无来判断:如果对方不看我们一眼,那表示对方完全没有兴趣;倘若对方与我们频频交换视线，无疑表示他希望与我们建立关系。

如果我们稍加注意就会发现，在车站或剧院的入口处，大家都会背向后面的人排队，这不单是为了便于向前走，同时还可以避免同陌生人交换视线。在队伍或行列里，面对面的情况，只能出现在比较熟悉的人之间，这是因为彼此都比较了解对方的缘故。

8)经常眨眼的人

就眨眼来说，可分为几种，包括连眨、超眨、睫毛振动、挤眼睛等。一般连眨发生于快要哭的时候，代表一种极力抑制的心情。超眨的动作单纯而夸张，眨的速度较慢，幅度却较大，眨的人好像在说："我真不敢相信我的眼睛，所以大大地眨一下以擦亮它们，确定我所看到的是事实。"如果是睫毛振动式，眼睛和连眨一样迅速开闭，这是卖弄花哨的夸张动作，好像在说："你可千万不能欺骗我哦！"

9)喜欢挤眼睛的人

一般来说，挤眼睛是在用一只眼睛使眼色，表示两人间的某种默契，它所传达的信息是：你和我此刻所拥有的秘密，其他人无从得知。在社交场合中，两个朋友间挤眼睛，是表示他们对某项主题有共通的感受或看法，关系比其他人更亲近。

需要注意的是，挤眼睛会使第三者产生被疏远的感觉。因此，不管是偷偷或公开，这种举动都被视为失态。所以，若无非常必要，最好不要这样做。

10)喜欢皱眉的人

喜欢皱眉的人对任何事都深思熟虑，是个足智多谋、深谋远虑的人。他们总是静悄悄地退在一旁，并从各种可能的角度去研究问题。在得到任何结论之前，他会反复考虑所有的可能性。虽然他那深思熟虑的举止看起来不积极，不过认识他的人都知道不要去打扰他的思绪，以免惹他生气。

11)眼球转动的人

如果眼球向左上方运动，是回忆以前见过的事物；眼球向右上方运动,是在想象以前见过的事物;眼球向左下方运动,是心灵在自言自语;眼球向右下方运动,表示此人在感觉自己的身体;眼球左或右平视,表示其在弄懂听到语言的意义;正视代表庄重;斜视代表轻蔑;仰视代表思索;俯视则代表羞涩;闭目则是思考或不耐烦的表现;目光游离,代表焦急或不感兴趣;若是瞳孔放大则是兴奋与积极的表现;而瞳孔收缩则是生气或消极的象征。

12)眼睛上扬的人

眼睛上扬是假装无辜的表情,这种动作是佐证自己确实无罪。一般人目光炯炯望他人时,会上睫毛极力往上压,几乎与下垂的眉毛重合,造成一种令人难忘的表情,传达着某种惊怒的心绪。斜眼瞟人是偷偷地看人一眼不会被发觉的动作,传达的是羞怯腼腆的信息,这种动作等于是在说:"我太害怕,不敢正视你,但又忍不住地想看你。"

13)眼皮也可泄露人心

除了眼光,眼部动作,不同的注视神情也会出卖你的内心,眼皮更是容易泄露秘密的暗道:眼皮虽然是人体很小的一部分,但却能够反映一个人的某些心理,所以,我们可以通过一个人的眼皮来初步地了解他。

从进化论的角度来看,上眼皮皮下脂肪丰厚的单眼皮比上眼皮皮下脂肪单薄的双眼皮进化程度更高。总的来讲,眼皮主要担负着保护眼睛的作用。单眼皮是为了更有效地发挥这一作用而进化来的。

另外,单眼皮和双眼皮能反映出不同的性格。所以,细心的人能通过眼皮的不同来判定一个人。有关专家研究表明,单眼皮的人冷静,有逻辑性,观察力和集中力均有优势,他们思虑深,意志坚强,但性格消极,沉默寡言,做事细心、谨慎,虽有持续力,但个性顽固。相反,双眼皮的人知觉性强,感情丰富,热情明朗,顺应性和协调性优异,行动积极敏捷。

14)从眼皮见健康状况

从下眼皮我们可以发现过度疲劳的痕迹。把获得了充分睡眠的人和睡眠不足的人做一下比较就会发现，睡眠不足的人下眼睑周边呈现黑色，有黑眼窝。

过度疲劳、郁闷苦恼等也会出现这种情况。下眼睑周边还会随着年龄的增长相应地出现皱纹、垂肿等现象。

15）欣赏的眼光打量一个人

当一个人用带有幸福、欣慰、欣赏等感情交织在一起的眼光不住地打量你的时候，你要小心了，这表明他对你有好感。虽然他没有用言语表达出来，但他的眼神泄露了一切。当然，长辈或上司用这种眼光注视你时，说明他们很赏识你！

16）眼神里满是愤怒和不屑

当一个人表示对另外一个人的拒绝时，他会用一种不情愿，甚至是愤怒的眼神，轻蔑地对对方进行嘲讽。这也包括那种势利的小人，看到不如自己的人，一副冷傲不屑的样子。对于这种人，还是少沾惹为妙，因为他们的品质确实不值得去交朋友。

17）用眼睛上下打量一个人

当一个人看另外一个人时，如果眼光从上到下或是从下到上不住地打量，则表示一种对他人的轻蔑和审视。这个人有良好的自我优越感觉，不过有些清高自傲，喜欢支配别人，虽然有些领导能力，但却招人讨厌！

18）交谈中将眼光从灰暗转到明亮

在谈话中，一方的眼神由灰暗或是比较平淡的状态突然变得明亮起来，这是好的征兆，表示所谈的话题切合他的心意，并且引起了他极大的兴趣，这是谈话顺利进行的最好条件和保证。如果能近一步谈下去的话，或许你会有不小的收获！

19）说话时不看对方

在两个人的谈话中，一个人在说话时，既不抬头也不看另外一个人，只顾说自己的，这在很大程度上表示了对另外一个人的轻视，也许在他心里，认为你还没资格跟他谈论这个话题。不管你有多大的权威或是多大的能耐,还是不要这么做为妙。

20)用锐利冷峻的眼光看人

当一个人用锐利的目光,冷峻的表情审视一个人的时候,即是一种警告的意思。在小孩子犯了错误之后,很多父母就是这种警告的眼神看着他,意思是:"不准有第二次!"

2. 从眼神透视对方心理的技巧

透过眼神去窥视人的心理活动,是人们在社会生活中常用的方式。但是如果你想有意地、主动地去从眼神中透视对方心态,就必须掌握有关的理论和技巧。

现在,让我们来看一下,在交谈时怎样从对方的眼神和视线里探出对方的真正意图。

你学会了如何从别人的眼神中看出意图,也就学会了如何避免让别人从自己的眼神中看到脆弱。

1)对方的眼睛看远方时,表示对你的谈话不关心或在考虑别的事情

例如,当你很有诚意地对女友说话时,她却常常将眼睛注视别的地方,表示她心中正在盘算别的事情,或许因为对结婚没有信心,也可能她另有对象,对你说不出口。出现这种情况,你不妨用试探的口气问她:"有什么麻烦吗?告诉我,我们共同解决。"

如果对方是非常重要的交易谈判对象,他同样会在心里盘算,如何使交易变成有利的状况。对方的眼神,凝视于一点或焦点不变则表示对方心中在想其他事情。谈生意的对象有这种眼神时,你要特别注意不要将大量货物出售给他。因为对方可能支付不了货款。如果对方是卖方,他所卖的货物可能是次品。总之,当你的交易对象出现这种眼神时,一定要小心提防。这时候,你可以毫不客气地问:"你有什么烦恼的事情",

以从对方口中探知原因。如果对方慌张地说:"不!没有什么事……"这时,你应当斩钉截铁地与他中断洽谈,对他说:"以后再谈吧。"

如果在某个会议上,你发现一位出席者对坐在他正面的某人看都不看一眼,那么,等他对面的那位发言过后,不妨问他:"你认为他的意见如何呢?"他如果立即予以猛烈反驳的话,则证明他们之间曾经有过争论,或有什么成见。

2)斜视对方的眼光,表示拒绝、藐视或感兴趣的心理

人们聚集在一起时,常常可以看到斜视对方的眼光。这种眼光是在表示拒绝、轻蔑、迷惑、藐视等心理。商场间的竞争对手或其他竞争者之间难免会正面交锋,互相之间经常会用这种蔑视的眼神看对方。

但是,斜而略带含笑的眼神,有时也表示对对方怀有兴趣。尤其在初次见面的异性之间,经常能见到这种眼神出现在女方身上。如果你是一位男士,有一位不太熟悉的女孩子这么看你,那表示她对你感兴趣。遇到这种状况时,你应该鼓足勇气和她攀谈,那么略显轻蔑的眼神会变成最有兴致的眼神。

3)对方眼神发亮略带阴险时,表示对人不相信,处于戒备中

男女之间用这种眼神凝视时,表示此人对对方敌意、憎恶;在初次见面的会谈中,也会接触到这种眼神;受到朋友或同事的误会,把被曲解的事实向对方解释说明时,对方往往也会出现这种眼神。

初次见面时,对方有这种眼神,表示在谈话中你使对方产生某种不信任的警戒。如果觉得自己并无使对方产生这种心理的做法的话,那可能是对方从其他地方听到一些你的事情,或由介绍者那里得到某种先入为主的情感。

女性穿着太奢侈、打扮太耀眼的话,就容易受到别人的误会,感受到某种发亮略带阴险的眼光在注视着你。你应在言谈、礼貌方面加以注意,才不会招致别人的误会。

4)对方做没有表情的眼神,表示心中有所不平或不满

有人认为,人与人之间互相没有心怀不满或烦恼时,才会做出毫无表情的眼神,这种想法是错误的。人们沉思时的眼神各不相同,有的闭起眼睛,有的则呆滞地望着远方,还有的则会做出毫无表情的眼神,一旦思维整理妥当或产生新的构思时,眼睛则显得很有神,或出现有规律的眨眼现象。所以,交际中,面无表情不是好现象。

比方说,你若碰到一位朋友,向对方说:"我正巧到这附近,要不要一起去喝茶?"对方的眼睛表现出毫无表情的样子,说:"很久不见,还好吗?"一时脸上充笑,但马上又恢复无表情的眼神。这便表示对方内心不安,并且对现状不满。情侣两个在闲谈时,如果突然发生别扭,女生说:"我要回去。"站起来要走,眼神毫无表情。此时,她心中可能隐藏着不满与不平。

性格懦弱的人,一旦被不喜欢的人邀去做客,难以说出回绝的话,只好跟在后面走,这时候他们会出现无表情的眼神。遇到这种情形,你一定要不加思考地问他:"你什么地方不舒服吗?"表现出关怀之意。

在冲突者之间也往往出现这种情况,这时候千万不要介入他们之间的纷争。

3. 眼镜:窥视对方心理变化的最有价值的信号

眼睛是心灵的窗户,它总能诚实地透露一个人是否在撒谎。

但是眼睛微表情有时候可以用戴墨镜或者眼镜来掩饰,但这种不经意地掩饰,恰恰会说明这个人的某些心理弱点。

我们一旦掌握了微反应,就可以从推眼镜的小动作来分析人物的性格。

手指从鼻梁处向上推眼镜。这类人通常性格比较内敛、细腻,跟别人交往时属于"慢热型"。想要跟他们交朋友,你一定要主动,才能让他们敞开心扉。即使他们和要好的朋友在一起时,也常常扮演倾听者的角色。在群体中,这类人属于两个极端,要么人缘很好,是朋友的贴心小棉袄,要么由于太内向而不合群。偶尔做这个推镜动作的人,通常是因为遇到重大事件时,用于掩饰内心的紧张。

用手扶眼镜框。手扶眼镜框调整眼镜位置,意味着他想看到更广阔的范围。通常习惯这样做的人比较自信,对问题的掌握很全面,善于抓住机会,因此,这类人往往是某个领域的行家。如果人们偶然做这个动作,如在重大任务即将下达前,则表示他对工作相当自信;在和别人探讨某个问题时,这么做可能表示他认为自己一定能够说服对方。

用手扶眼镜腿。这类人中的大多数人有自成一套的行动步骤。而且做事前,他们不会马上行动,而是先静观其变,了解事情的来龙去脉,然后再制订详细的行动计划,严格按照计划行事,直到达到目的为止。剩下的那极少部分人则是缺乏耐心。

两根手指分别抵住镜片下端推眼镜。这类人通常比较虚心,勤于学习,而且通常不喜欢反驳别人。不过,他们容易被别人的想法牵着走,而难以提出自己的高见。

听,外面的声音很精彩——听觉安慰

公车上,有很多嘈杂的声音,会让人觉得很吵闹,尤其是突发吵架或有人打电话很大声时,许多乘客都会露出厌恶的表情。这个时候,很多人会选择听mp3,让音乐带给自己听觉安慰,让耳朵逃离公车上的喧嚣。

音乐能通过其音调能影响人的情绪,这早在古希腊就为人所注意。他们认为E调安定、D调热烈、C调和爱、B调哀怨、A调高扬、G调浮躁。古希腊的哲学家和科学家亚里士多德就推崇C调,认为C调最宜于陶冶情操。

20世纪初,德国著名的生理学家和心理学家赫姆霍茨,以及后来的一些科学家曾对声音对听觉器官和听神经的作用进行过深入而详尽的研究。他们发现一根听神经纤维只接收和传导相应的一种频率的音响。音乐的生理作用首先是通过音响对人的听觉器官和听神经作用，进而才影响到全身的肌肉、血脉及其他器官的活动。有人研究认为声音可以使肌肉增加力量。快速和愉快的音乐可以消除肌肉的疲劳。还有人发现，在音调完全和谐或音乐的强度突然更换以及一曲乐调将终结时，人的脉搏和呼吸速度变快。又有人研究认为忧伤的音乐使脉率变缓，欢快的音乐则使脉率变快。

当一个人听到刺激的声音或处在喧闹环境中，通过听音乐，来使自己暂时逃离那些令自己不舒服的声音，是一种听觉安慰。

就像，我们小的时候都经历过，老师上课内容无聊时，我们虽然眼睛不敢看向窗外，但耳朵会留意倾听窗外的鸟叫和操场上上体育课的同学的欢笑。

吹口哨也是一种安慰行为。黎明或黄昏时分，行走在陌生城市或废弃走廊的人会努力吹口哨，这些声音能帮助他消除恐惧心理。有些人的自言自语，也是为了缓解当时的压力。

1. 听语气，探知对方的个性

日常生活中，我们通常不用眼睛看，只要听到对方的声音就能判断出这个人自己认不认识，如果认识，我们还能识别出对方是谁。

古人讲，心动为性，性分为"神"和"气"，而性发成声。意思是说，声音的产生依靠空气，又和说话者当时的心理活动密切相关，轻重、长短、缓急、清浊的变化与人的特性是息息相关的，这是闻声辨人的基础。

春秋时期，郑国的相国子产一次外出视察，突然从远处传来妇女悲痛的哭声。随从们看着子产，等候他下命令，去救助那位恸哭的妇女。不料，子产却下命令拘捕那位恸哭的妇女。随从们不敢违抗命令，遵令而行，逮捕了那位妇女，而那位妇女当时正在丈夫的新坟前哀悼亡夫。子产对随从们说，那妇女的哭声没有哀痛之情，反而含有恐惧之意，因此怀疑其中有诈。而审问的结果证实了子产的判断，果然这位妇女与人通奸，谋害了亲夫。

通过声音不仅能辨别一个人的心事，还可以辨别一个人的职业、志向、心胸等。

低声细气的人

这种人在为人处世方面比较小心谨慎，警惕性很强，常常有意或无意地与他人保持一定的距离。他们性格内向腼腆，优柔寡断，缺乏自信，从不轻易透露自己的深层想法。他们对人宽容，从不为难他人，会尽量避免麻烦的发生。还有一种人，在与他人的交谈过程中，声音会越变越小。这类人喜欢搞小动作，容易闹内讧，我们对这种人要提高警惕。

如果你有位女同事，说话就跟蚊子哼哼似的，声音又细又小，常常需要反复问几遍"你在说什么？"搞的不知道的人还以为再故意刁难她。这样久了，大家都不提喜欢跟她说话，听着太累。而且她老是一副低声下气的委屈模样，让人总觉得自己好象欺负了她。

如果你的声音天生就是这样子，让人一听就觉得没自信，很容易让人当成没有魄力的可怜虫。不妨尝试改变下自己说话的声调吧，每天坚持大声朗读、锻炼自己的肺活量，学会用丹田气，说话的声音自然就洪亮了，让人感觉也会有底气的多。

根据对象改变声音的人

这类人属于八面玲珑的人，他们通常是见什么人说什么话。面对不如自己的人，他们会立刻变得趾高气扬，不可一世；面对上司则低声下气，显得十分顺从。这类人忍耐性很强，但是喜欢把在上司那里受到的压抑转嫁给下属、公共场所或家里的人。他们习惯于跟下属要威风，去商店买东西，会对营业员提出无理的要求。这类人性格中的自卑感和攻击性很强。

职场可怜虫最怕碰到这样的职场可厌虫，碰到这类人不要一味地躲闪、一味地低声下气，正是因为你平常表现出的容易被欺负的样子才会让他们把火撒到你们身上，面对这种职场可厌虫，一定要表现出自己内心的强大，才能镇住他们。

声音沙哑的人

声音沙哑的男性往往具有极强的行动能力和耐力。他们富于冒险精神，不怕挫折，而且越挫越勇，有一股不达目的誓不罢休的韧性。他们善于利用自己的优势，大多具有领导的风范。其缺点是有些霸道，常常自以为是。

声音沙哑的女性往往外柔内刚，艺术天赋极高，对色彩非常敏感，在服饰的搭配方面尤为内行。她们很会伪装，表面上对任何人都礼貌周到，而实际上是在逢场作戏。她们从不轻易表现出自己的真心，让人难以捉摸。这类女士容易吸引男人的眼光，但是容易受到同性的排挤。

语气温和而沉稳的人

这类人往往具有长者风度。他们考虑问题比较深，做事慢条斯理，按部就班，具有很强的耐力，一旦确立目标，就会扎扎实实地坚持到底，不达目的决不罢休。与这类人交往，在开始的时候可能会觉得有些困难，但时间长了就能感觉到他们的忠诚、可靠。如果是女性，则大多性格比较内向，具有较强的爱心，当别人有困难的时候能及时伸出援助之手，能够体谅他人，甚至可以为他人作出一些牺牲。

语气刚毅坚强的人

这种人胸怀坦荡，做事光明磊落，讲原则，是非善恶分明。他们有较强的组织性、纪律性，因此能得到绝大多数人的拥护。他们当中大多数人是领导，并且能够有所成就。但是由于这类人不善变通，比较顽固，从来不给人商量的余地，所以在工作中树敌颇多。

声音娇滴滴的人

这种人说起话来嗲声嗲气，有一种希望能得到大家喜欢和爱护的心理，但往往心浮气躁，善于编造谎言，由于过多希望博得他人好感反而招人厌恶。如果对方是单亲家庭的孩子，则表明他内心期待着年长者温柔的对待。男性若发出这样的声音，多半是独生子或在百般呵护下长大的孩子。这种人对待女性非常含蓄，绝不会主动发起攻势。若是一对一地和女性谈话时，会特别紧张。因此，这种人在他人眼中会显得优柔寡断，做事不干脆，没有什么魄力。

语气凝重深沉的人

如果是男性，他们大多思想比较成熟，具有很强的责任心。一般来说，他们的学识很高，对世道人心的把握很熟练，但由于性情耿直，而使自己在事业上不是很得志。他们通常自尊心强，争强好胜，什么都要争。

经常唉声叹气的人

这类人心里比较自卑，心理承受能力差，不能正确地面对失败。在失败过后，往往沮丧颓废，甚至一蹶不振。这类人经常抱怨自己的不幸，但又不从自己身上找原因，经常把失败的原因归结到外界因素上，以此来安慰自己。

在职场一定不要表现出自怨自怜，这样不会招来同事的同情，只会被同事看低。

语气圆通和缓的人

这种人心地善良，性情开朗，为人豁达，待人热情、真诚，具有同情心和包容心。在交际方面，八面玲珑，不太容易得罪人。此外，他们接受新鲜事物的能力不是很强，但一般会持理解的态度。

语气浮躁的人

这种人往往脾气暴躁、易怒。做事鲁莽，容易感情用事，同时又缺乏周密的思考，缺乏耐性，急于求成，很难成就什么大事。

此外，说话语气平稳的人，性格比较正直；说话音调平直，词语含糊不清者，比较平庸，没有才气；说话音调明朗，节奏适当，抑扬顿挫分明的人，具有艺术性，是理想主义者，他们不注重现实，爱幻想，爱浪漫；说话语气很冲，语调铿锵有力的人，往往是任性的人，做事武断，态度蛮横霸道；说话语气低沉、缓慢，语调断断续续的人多疑，凡事都抱有怀疑态度;说话语气、音调、音色均变化频繁的人,轻率不稳定,没有责任心,自私自利思想严重;说话音调又细又尖,刺耳难听的人,一般很孤僻,不容易与他人交往。

再者,在谈话过程中,如果音调突然增高或变低,就证明说话者要强调他重要的言语,你要仔细听了;如果谈话者故意将音调压低、拖长、突然停止或停顿的时间稍长,这证明说话人想让你仔细揣摩他的话,理解他的话。

2. 语速的快慢也能听出你的脆弱

人的说话,不同于动物的怒吼,也不是一种本能的释放,而是在进行一种思想交流,是心理、感情和态度的流露,所以,语速的快慢、缓急能直接体现出说话人的心理状态。

因此,仔细留意一个人说话时的语速,你就能够掌握其心理状态。

语速快的人

这种人说话就像在打机关枪,一阵儿紧似一阵儿,根本就容不得别人插嘴,一般能一口气将话说到底。这种人一般性格比较外向,思维敏捷,应变能力强,并且口才比较好,见什么人说什么话,能说会道,因此在交际场上如鱼得水,总能轻而易举地达到自己的目的。

在他们心里,藏不住任何事情,他们想到什么就说什么,有时甚至会将自己比较可笑的事情讲给大家听。但是这类人性格比较暴躁,容易生气、发怒,遇事武断,可能会一意孤行。

语速平缓的人

这种人说话的语速相对比较慢,属于慢性子,即使有比较紧急的事情,他照样雷打不动地用他那种独有的语速来转述给别人听。这样的人大多温柔、善良,为人宽厚而仁慈,富有同情心,能够关心体谅他人。这类人只有在内心平静时，说话才会舒缓，极富亲和力。这个时候，他们思维细致，善谋划，能够吸取他人的意见，但又不失自己独到的见解。他们的缺点是，思想比较保守，对新鲜事物有排斥的倾向，原则性很强，思维不够敏捷，做事总是犹犹豫豫，缺乏魄力。

语速极慢的人

这种人语速非常的慢，而且不稳定，慢慢吞吞，其性格大多软弱、内向，缺乏自信，有点木讷。

突然转变语速的人

如果一个平时伶牙俐齿、口若悬河、语速很快的人，当面对某个人时，却突然变得吞吞吐吐，前言不搭后语，反应迟钝，语速慢了下来，这通常是遇到了两种情况：一是他可能不满对方，或者对对方怀有敌意；二是他可能有些事情瞒着对方，或者做错了什么事情，心虚，底气不足。

当然除此之外，也有一些特例。

1）比如，某男（某女）暗恋着某女（某男），他（她）在别人面前都能够幽默风趣，谈笑自如，保持着平常惯有的语速，可是，一旦面对着那个他（她）喜欢的人时，马上语无伦次不知道要说什么，说起话来仿佛嘴里有什么东西，含含糊糊，一点都不连贯流畅。这通常表明：他（她）喜欢她（他）。

2）在公共场合，当一个平时说话语速很快的人，或者说话语速一般的人，突然放慢了语速并且说话条理清楚，那么就一定说明他是在强调自己刚才放慢速度所讲的话，想引起别人的注意或是让别人同意自己的观点抑或在抒发某种感情。

3）在演讲时，当演讲者突然放慢速度，那么他可能是在表达一定的情感，以引起听者的共鸣。另外，这种情况在辩论赛上极为常见。每个辩手都用极快的语速且流利地表达自己的观点。他们明白如果能够在语速上胜对手一筹，不仅可以增加自己必胜的砝码，而且还可以削弱对方的锐气，但是如果他说话突然变得很慢，那么就说明他是在强调自己的观点，同时想让对方同意自己的观点。

4）在别人伶俐的口舌、独到的见解、逼人的语势的时候，一些人或支吾其词,或缄口沉默,一副笨嘴拙舌、口讷语迟的样子,那么很可能这个人产生了卑怯心理,对自己没有信心,又或者对方的话一语中的,让其一时难以反驳。如果在辩论时出现此类窘境,不仅有碍自身能力的发挥,也增长了对方的气焰。

5)如果一位平常说话不紧不急、慢慢悠悠的人,当有人在他面前讲一些坏话侮辱他时,他还是不紧不慢、支支吾吾,半天说不出话来,那么很可能这些侮辱、指责是事实,他自己心虚、底气不足。相反,如果他用快于平常的语速大声地进行反驳,那么很可能这些话都是对他的无端诽谤,是在陷害他。

6)某A问某B:"这事是你干的吗?"这时,某B突然语速很快地说了一些别的事情,那么很有可能对方是在承认这件事是自己干的。与这种情况相类似的有:平时沉默寡言的人,如果突然变得口若悬河,那么他内心里一定隐藏着不可告人的秘密,很害怕别人知道。

TIPS 如何改变语速

你平时注意过自己说话的语速吗?如果发现自己说话声音已经够大,眼神也已经学会直视对方,但仍然常常被同事排挤,不妨拿个录音机,将自己说话的声音录下来,看看自己是不是因为说话语速太慢,给同事一种木讷、软弱的感觉。

说话时的速度,会影响到听者的感觉。一般情况下,我们在说话时应保持一定的语速,说话像机枪扫射一样快,会令听者难以抓住重点;而语速过慢,则会令听者失去耐心。总之,说话时最好能做到张弛有度,富有节奏美和动态美。

不想让别人因自己语速慢而把自己当成木讷胆小的可怜虫,就当跟那些气场十足,说话张弛有度富有节奏感的主持人练习吧。尝试跟着他们说话,有意识地锻炼会让你更好的把握语速。

3. 从音调的高低听"人性"

古人曾说过,心动为性——"神"和"气"——性发成声。意思是说,声音的产生依靠自然之气,也与内在的"性"是有紧密联系的。

比如,喜欢高声说话的人通常支配欲很强。这类人喜欢单方面贯彻自己的意志,喜欢以自我为中心。而说话声音小的人,多半性格内向,他们往往在说话时压抑自己的感情,不到火候,一般不会把内心的想法和盘托出。

另外,声音又与说话人当下的心理活动密不可分,大小、轻重、缓急、长短、清浊都有变化,这是闻其声、辨其人的基础。下面我就谈一下说话声音的高低和这个人有什么神秘的关系。

1)大声说话的人

这种人是属于明朗、爽快之人,待人真诚,从不说假话,有什么说什么,但也正是由于说话直来直去,常常在无意中得罪人。虽然他也意识到了这点,但绝对不会因此而改变自己的说话方式。另外,他们人品正直,做事光明磊落,偷偷摸摸做事不是他们的风格。他们组织能力强,有责任心,值得信赖,因此,特别适合领导者的职务。如果他们有幸走上领导人位置,必定会将自己的才能发挥到极致,从而使事业蒸蒸日上。

2)小声说话的人

这类人缺乏自信,大多属于小人型的人,城府很深,十分阴险,没有气度,有时甚至可以为一些微不足道的小事与他人争吵,甚至与对方绝交。与这种人交往时,若你随便跟他开玩笑,他可能会与你翻脸。另外,这类人很有心计,善于运用谋略做事,不管做什么事情他都要做成功,为此甚至可以不择手段。如果你想从他的嘴里套出一些秘密,那是很难的事情,甚至是不可能。在待人方面,他绝对不会流露出真心,喜欢用势利眼看人,也正是如此,常常会受到人的唾弃。所以这类人在事业上很少会有很大的成就,因为他根本就没有任何朋友。

3)讲话声音突然变得很小的人

这类人的性格受心情起伏的影响很大,如果遇到不愉快的事情,心理承受能力很差,严重缺乏自信心,若是在谈到某个话题时,觉得自己没有能力办到,他们说话声音就会突然地变小,以此来掩盖自己。

4)讲话声音突然变得很大的人

这类人不管在说话还是在做事的时候都非常有耐心,善于思考,无论对方在说些什么,他们都会认真仔细地听,边听边思考,若是中间听到某些问题自己不知道的,便会随时提出疑问。如果突然说话声音变得很大,则表明他又发现了一个新的问题。这类人有些固执、执著,一旦他提出某一观念而你没有按照他的思路去做,那么可能就会发生一场争论。所以这类人在工作上十分的认真,一旦确定好的事情,便会毫不犹豫地去完成。

5)说话时高声尖叫的人

说话时高声尖叫的人,是位理论家,当他慷慨激昂时,容易有歇斯底里的现象发生。这种人最大的特点就是爱炫耀,虚荣心很强。他对自己的一切都十分的在意,希望他人每时每刻都在注意自己,因为这类人希望自己留给别人的印象永远是最美好的。缺乏诚实感,处事的动机便会不纯,因此他们常常会一无所获。

6)男高音的个性

讲话声音很高的男性,一般都是外向性格的人。

这种性格的人说话往往速度很快,但言语流畅,声音的顿挫富于变化,并且能言善辩,凡是他们想到的事情,都会毫不考虑地说出来,甚至有时在与人交谈时他会把对方的话突然打断,以达到全面实现自己的主张的目的。

这种性格的人在话说到投机时,就会源源不断地涌现出新的话题,无法控制，像是有取之不尽的"话源"似的，或许有时话题会变得支离破碎、跑题，但他还是会说个没完。因为对于这种性格的人来说，"开讲"本身是一件非常有趣的事情。

7)男中音的个性

男中音的个性比较冷酷，属于慎重的实务型人，但实质他又是一个很理智的人。在处理事情上，他总是会很冷静地来看待。他的自我保护意识很强，有敏锐的洞察能力，但是这也使得他变得不够热情，对许多人和事都不太投入和重视，总是抱着一副无所谓的态度。虽然他不容易被他人迷惑，但是也比较难向他人敞开心扉。这类性格的人总是会注意到一些细微的地方，不会意气用事，也同样不会让自己的冷漠表现出来，在他人眼里这种类型的人是较为容易相处的人。

8)男低音的个性

男低音的人个性比较内向，处事清晰明朗，虽然不太具有男子气概，但却非常诚实，不会拉帮结派。

他们在与人交往时，喜欢在无意识之中与他人保持一定的距离，并且还会运用自闭式的姿势。他们心里，不希望对方知道自己的心事，也不希望初次见面就让人一眼看穿。

男低音的人说话节奏十分的缓慢，平铺直叙，很少会表现出抑扬顿挫的声调变化，与人交谈时一直都会保持一定的语气与异常冷静的态度，当对方提出不相同的观点时，他不会立刻以拒绝的方式回答他人，他一直会给人一种考虑很周到和用词很恰当的感觉。他们是典型的善于言谈的内向型人，既不会盲自下结论，也不会以命令的口气来强迫他人同意自己的观点。

男低音的人对人的防范心固然很强，但其内心是十分温和的，为了避免自己的发言不伤害到别人，说话之前他们总是会考虑再三，担心自己发表的意见将导致自己与他人的对立。

9)女高音的个性

女高音的感性比理性重些，感性性格的人有着奔放、豪爽、勇往直前的长处,有着想闯出一片自己的天空的激情,不甘于过平凡的生活。这种个性的人想象力丰富,喜欢凭自己的幻想,描绘未来的景象,但她们并不会只一味地生活在梦幻里,办起正事来是既冷静又果断,一点也不含糊。这类个性的人拥有一颗博爱之心,无论男女老幼对她来说都没有分别,她的爱可以同时与很多人分享,并且界线模糊,因此在情感方面,她常常因为这种自觉的释放热情而使局面变得难以收拾。她们好多都是恋爱至上者,为了爱情甚至可以忘记父母的养育之恩。她们容易得到爱情,但是又较容易失去,情感轰轰烈烈,每次爱情都是永远难忘,爱得死去活来。正是这样的个性她会引起异性难忘、让同性忌妒。

10)女中音的个性

这类女性爱玩、热情,感情丰富,属于罗曼蒂克型的人,见到男友送了一枝玫瑰就会激动不已。她为人很敏感,与人交往时善于察觉他人的情绪变化;有时也显得有些多愁善感,因为她希望他人同样认为自己是独一无二的,这类女性中有些人有较好的直觉和想象力。但这类人最容易感受到的是受伤,别人无意间的忽略、不经意中的怠慢,甚至是无心的一句话都有可能会伤害这类人。这类人最基本的需求是了解自我,她们需要时刻了解和体验自己情绪的变化,了解自己真实的需求,如果她们不能了解自己或迷失自己时,会自乱阵脚,会用虚幻的想法来欺骗自己,因此,这类性格的人无法直面现实,或者回避现实,宁愿沉浸在属于自己的幻想世界。

▶ TIPS 耳朵里的玄机

感受自然界的声响,欣赏形形色色的音乐,聆听父母的叮咛与师长的教诲——耳朵的贡献不言而喻。然而,你知道这其中的种种玄机吗?

1)听力也"重男轻女"

一个健康人的耳朵能分辨多达40万种不同的声响,但这种分辨能力与性别、年龄有关。比较起来，男性比女性的耳朵更灵敏。

为论证这一结论，美国学者对部分男女进行了声音辨别测试，要求受试者辨识从各个方向传来的声音。结果男性抢先辨别出了60%的声音，女性只在28%的声音辨别测试中拔得头筹，其余2%的测试男女打成了平手。

2）左右耳有别

假如你想对情人悄悄说几句话，是对着他(她)的左耳说呢，还是右耳说？如果是前者，你会收到更好的效果。美国的西姆教授道出了个中的奥秘：无论男女，与右耳相比较，左耳更喜欢甜言蜜语，听到情话后更容易动心。因为人的左耳是由右半脑控制的，而右半脑恰恰是负责处理情感的优势半脑，同时，左耳对声音刺激的反应更灵敏，甚至包括音乐的和弦及曲调。

不过，如果你要想对方牢牢记住你说的话，则应反其道而行之，对着对方的右耳说。科学家通过实验发现，人用右耳听的话要比用左耳记得牢。右耳听到的信息汇入左半脑，而左半脑比右半脑更具记忆优势，这种优势常随着年龄的增长而得到强化。看来，听不同的话用不同的耳朵，不失为一个生活小窍门。

3）耳朵大些好呢，还是小一点好？

这个有趣的问题如今有了答案。俄罗斯科学家有了惊人的发现：人的创造能力与其耳朵大小有关，那些长有一双大耳朵的人应该感到自豪与幸运。

进一步研究还发现，一个人的两只耳朵大小并不相等，尽管这种差别只有2~3毫米，但它足以判断其大脑哪个部位最发达，进而为观察儿童天赋提供根据。俄罗斯的研究者说：那些右耳朵特别大的人将在精密科学(如数学与物理)方面取得成就，而左耳朵大的人将会在人文科学方面有所作为。

这项研究结论有什么意义？它可以用来指导孩子对未来专业的选择。比如，在决定一个孩子学习某门知识之前，首先应该确定他是否具备这门知识的生理条件。如果一个少年的耳朵表明他将成为一位艺术家的话,那么家长就不应该强迫他去学数学。

4)男人不愿听女人讲话吗?

在生活中,经常可听到妻子的抱怨,说丈夫不愿听她唠叨,这其实是冤枉了丈夫。实际上,对于妻子的话,多数情况下丈夫不是不愿听,而是"听"起来有一定的困难,他们应该得到谅解。这绝非笔者为男人找借口,而是英国科学家得出的科研结论。

英国研究人员公布了一项研究成果:男性接受女性声音要难于接受其他男性的声音。资料显示,男性对女性声音的接收,主要是通过大脑中接收音乐讯号的部分来完成的,其接受与解读机制比对其他男声要复杂得多。其中主要原因是,男女在声带与喉咙的大小及形状方面存在差异。另外,女性声音更具有天然的"情绪",故男性模仿女声比女性模仿男声更显得"唯妙唯肖",也更容易"混淆视听",京剧大师梅兰芳就是一个典型的例子。

当心,就是这些细微的"安慰动作"出卖了你

需要回应某些消极刺激物时(如一个很难回答的问题、一种令人尴尬的境遇或听到、看到还是想到什么压抑的事情等),我们会触摸脸、头、颈、肩、手臂、手或腿,这些都属于安慰行为。

就像前面说过的那样,这些行为也容易让人一眼看出你的"不冷静",所以要注意,一是要识别对方这些行为后面透露的真意,同时,自己要控制好这些行为,别让人误会你是一个"需要安慰"的人——这会给你的职场生涯扣上停滞不前的帽子。

1. 最明显的表现——丰富的嘴部动作

人们总以为，眼睛是一个人情绪的全部表现，嘴巴是重要的表现工具。

小宝宝在啼哭的时候，一个安抚奶嘴就能让他有安全感，得到安慰。我们还经常看到宝宝到了陌生的环境，会吸吮自己的手指头，这是口唇安慰。

大家也许还记得，自己上学时，每次考试遇到不会的问题，会咬笔，这跟宝宝咬手指是一样的道理。

有这样一个游戏——贴嘴巴，在不同的脸上贴上不同表情的眼睛和嘴巴，然后观察其中的新表情，不同的搭配有着不同的表情，可是同一个眼睛搭配不同嘴巴表情的，结果让人大吃一惊。

嘴巴有4种基本运动方式，张开闭合，向上向下，向前向后，抿紧放松，这可以画出多种嘴角弧度，而不同的嘴角弧度形成了不同的嘴部动作。这些丰富的嘴部动作，可反映出一个人的性格特征和心理态度。

嘴巴动作中最典型的是笑，这是人类最美丽的动作，也是最能观察对方情绪的一个动作。不同的人有着不同的笑法，嘴部的动态也会有所差异。

首先，从笑的特点来分析一个人的性格。

狂笑——嘴角猛向上方翘的这类人精于社交，性情温和，能让对方感到亲切，具有冒险精神和积极的作风，乐于助人。他们最适合做秘书工作，善于处理繁杂事务，越繁杂反而越觉得有趣。

开口大笑——嘴角成平的这类人性格粗犷，不拘小节，行为大方。但缺乏一定的耐心，一遇到困难，就知难而退，容易让人产生做事虎头蛇尾的误解。这种人可能会在经商方面有所建树。

微笑——嘴角稍下垂这类人性格内向,不善言语,与人交流存在一定的困难,但注意细节,喜欢对对方言语进行分析,惟一不足的就是做事时常半途而废,因此难达愿望。但他们在手工艺、缝纫等技能方面很拿手,外语亦佳。

眯眼笑——笑时嘴角向下,几乎不开口的这类人性格倔强固执,对周围人不够坦诚,有时明知其事但假装不知而不与人语,因而吃亏。他们性情不算和气,一旦不悦即大发脾气;多才多艺,有理想、抱负,但不愿与人合作行事。

仅仅是从"笑"这一个动作来观察,当然不是非常全面。

下面,我们从自然状况下嘴角弧度来判断一个人的性格和内心世界。

嘴抿成"一"字形的人——性格坚强,是个实干家,交给他的任务一般都能圆满地完成,他们常因此而得到上司的赏识,有较多的机会得到升迁和提拔。

喜欢把嘴巴缩起的人——干活认真仔细,是一个好帮手,但不适合做领导,因为疑心病很重,不容易相信下属,往往有后院起火的危险。另外,这种人还容易封闭自己。

嘴角稍稍向上——这种人头脑机灵,性格活泼外向,心胸也比较开阔,能与人很好地相处,很随和,是一个标准的绅士。

交谈时嘴唇的两端稍稍有些向后——表明他正在集中注意力倾听谈话,这种人意志不太坚定,容易受外界的影响,有半途而废的习惯。

下嘴唇往前撇——表明他并不相信对方所说的是真实的,并且他还想立刻找到证据来反驳你的理论,直到对方承认自己说的是假的为止。

上下嘴唇一起往前撅——表明此人可能正处在某种防御状态。

嘴角老是向下撇——此种人性格固执、刻板,并且内向,不爱说话,很难被说服。

在交谈时,用牙齿咬住嘴唇,或是喜欢双唇紧闭的人,可能正用心地倾听另外一个人的讲话,也可能是在心里仔细地分析对方所说的话,然后跟自己做个对照,也可能他是在认真地反省自己。

说话时以手掩口在女性中比较常见,此种人性格较内向、保守,甚至有点自闭,不敢过多表现自己。如果对方是个陌生人,她还表示对对方存有戒心,或者在做某种自我掩饰。

口齿不清,说话比较迟钝的人可以分两种情况来分析。一种是语言能力确实不够出色,并且在其他各个方面的表现也相当平庸,这样的人若想获得很大的成就,不太容易。另外一种人,他们仅仅语言表达不精彩,而且也不喜欢表现自己,但往往能够一鸣惊人,这说明这个人在某一方面或某几方面有比较出众的才能,只要努力,能很快成功。

时常舔嘴唇的人很可能压抑着内心因兴奋或紧张所造成的波动,因此,他们常口干舌燥地喝水或舔嘴唇。

清嗓门且声音变调说明此人对自己的话根本就没有把握,且具有杞人忧天的倾向。再者,如果男性出现咬住烟头,用唾液加以润湿的动作,是心理不成熟的表现。

此外,嘴部的惯常动作,往往能影响一个人先天形成的嘴形,因此,我们也能从嘴形窥探出一个人的内心思想。

仰月形——也称新月嘴,唇角上扬,这种人性格开朗,情感丰富,有幽默感,性格温厚。同时,思路清晰,头脑灵活,意志力强,工作实践能力强,所以他们总是能很快地找到自己合适的工作,让其他人羡慕。

伏月形——即唇角下垂。拥有此种嘴型的人性格谨慎,但有些冷峻,脾气怪异,和人不太容易相处,并且好怨天尤人。其实这种人怀有很强的体贴心,只是因为其怪异的性格而难以琢磨,因此,这种人的人缘不是很好,总是独来独往居多。

四字形——此种嘴型似长方形四字一般,上下唇均厚。这种人个性强,老实忠厚,有正义感,性情温和。在工作方面有文才,头脑好,这是一种比较容易成功的嘴型。

一字形——上唇与下唇紧闭呈一字型,是一种有信念、意志力强的体现,也是身体健康、认真中有点顽固的标志。

修长形——嘴形修长,具有性格明朗、诚实守信的好人品,懂得人情世故,社交能力强。

承嘴形——承嘴是下唇突出,似乎是承住上唇一般。这种人爱讲歪理,并且猜忌心重,任性自私,因此也较难得到上司的赏识和提拔,唯一的优点就是忍耐力强,能够忍别人所不能忍,这是一个成功的基本要素。

盖嘴形——盖嘴是上唇突出,盖住下唇的嘴形,正好和承嘴相反,其代表的性格也与承嘴所代表的性格相反,拥有这种嘴形的人是讲道理、有义气、个性强的人,有着比较完美的人格形象。

怪嘴形——怪嘴形好比用嘴吹火般的嘴形。这种人个性很强,有独立的性格,但有时不免粗野、顽固,并因此影响人际关系。此类人多好说闲话,因此与别人的纷争不会太少。

另外,嘴的动作与嘴的变化、嘴型虽然不能很完全地表露一个人的内心世界,在根据嘴型进行判断的时候,我们最好能结合嘴的变化,这样会看得更准。

薄嘴唇的人一般为人吝啬,具有严谨或固执的特点。

厚嘴唇的人通常被认为是乐观的。为什么这么说呢?这是有合乎情理的解释的。口轮匝肌的运动对嘴部的形状有很大的影响作用,嘴唇丰满是由于习惯性地放松口轮匝肌的结果。这种放松是性格开朗、为人爽直随和、接受能力强的人的要素之一。

如果厚嘴唇象征着为人比较热情的人格的话,那么绷紧的或薄的嘴唇则象征着为人严谨,这种嘴唇是由于经常地绷紧口轮匝肌的结果。如果一片嘴唇绷紧而另一片嘴唇松弛丰满,这很可能表示此人具有相互矛盾的性格因素。

我们可以把嘴部周围肌肉的收缩看成是担心上当受骗,希望抵挡住外界干涉的一种信号。这样的人,"上唇总是绷得紧紧的",其目的是为不受自己的感情影响或他人的感情影响。而那些唇部始终丰满的人很可能是在渴求获得享受。

2. 你会隐藏这些安慰行为吗——不要乱动

抚摸颈部

我们经常用这种方法缓解压力。有人会用手指搓摸或按摩脖子后面区域，有人会按摩脖子两侧或下巴正下方喉结上方的部位。脖子上的这个部位有很多神经末梢，我们通过按摩这一部位，能够达到降低血压和心率的目的，从而让自己平静下来。

男性和女性使用颈部动作的方式各不相同。

一般说来，男性的这类行为的力度较大，他们会用手抓或盖住下巴以下的部位，刺激那里的神经(特别是迷走神经和颈动脉窦)，这样做的好处是能降低心率并达到让自己冷静的效果。有时候，男性会用手指按抚脖子两侧或后侧，或校正领带打结处或衬衫领口的位置。

有时女性的颈部安慰行为表现为抚摸、扭转或把玩她们的项链。正如前面提到的，女性还有一种颈部安慰方式，那就是用手覆盖她们的胸骨上切迹。很多女性在感到压抑、心神不定、受到威胁、恐惧、不适或焦虑时就会用手触摸或覆盖这一部位。有趣的是，怀孕的女性最初会把手移向颈部，但最后一刻，她还是会将手放在肚子上，仿佛要盖住自己的胎儿似的。

在一次侦查工作中，两名特工都认为一名佩枪的危险逃犯可能会藏匿在他母亲家里。他们一起走到了这位老妇人的家门口，敲了门，那位夫人请他们进去。他们出示证件后开始询问一系列问题。当一位熟悉微反应的特工问到"你儿子在家吗？"时，她把手放到了颈窝上，然后说："没有，他不在。"这位特工注意到了，但是却接着问下面的问题。几分钟后，他再次问道："你儿子会不会趁你外出时偷偷潜入你的房子？"她又一次将手放到了颈窝上,然后说:"不,应该不会。"此时此刻,特工已经可以确定他儿子一定就藏在那间屋子里。他继续问问题,一直到离开的时候。那一刻,他问出了最后一个问题:"那么,我可以总结我的记录了,你儿子确实不在这间屋子里是吗?"这一次,她仍然想把手放在那个位置上。由此,特工更肯定这个女人是在说谎了,于是他申请了搜查令,结果他儿子就藏在地下密室里。

搓腿动作

这是一种经常被忽略的安慰行为,因为这一动作大多是在桌子下方完成的。通常,人们会出现将一只手(或双手)放在一只腿(或双腿)上,然后沿着大腿向下搓至膝盖。有些人只做一次,但是大多数人会反复做这样的动作,或者反复按摩腿部。这样做的目的不只是为了擦干手掌上的汗,主要是为了消除紧张感。

在办案的过程中,警察会注意观察问讯对象是否会出现手部或腿部安慰动作,并观察这类动作是否会随着问题难度的加深而增加。不管是动作频率还是动作幅度的增加,都说明某个问题可能令某人感到不适,或者是因为他已经产生了犯罪意识,或者是因为他正在说谎,再或者是因为询问者正在逼近一些他不想谈论的问题。

手的六种"表情"

两手交叉、竖起手指、五指分开……手下意识地做出这些小动作,并不是毫无理由的。手能传达六种"表情",它们透露了人内心的一些"秘密"。

焦虑的表情:

当手指温暖、灵活时,说明一个人身心放松,血液更多地流向了手掌;而手指僵硬、冰凉,则说明一个人焦虑或忐忑不安,此时手掌的血流量变少。此外,焦虑时,人更倾向于闭拢五指、咬指甲或越来越快地摩擦手掌。心情非常紧张时,他还会攥住自己的大拇指或用双手紧握杯子等物品,这是自我安慰的表现。感到一丝不确定时,手会触摸身体某个部位给自己增强信心,摸脖子或肚子,说明一个人的焦虑感最强烈。

厌烦的表情:

胳膊支在桌面上、手托下巴,或者逐个欣赏自己的手指,都是内心无聊、厌烦的标志。还有人喜欢在别人说话时敲打手指,说明他感到沮丧、紧张。最常见的情况是,敲打手指的人希望尽快结束谈话。敲打的频率越快、音调越高,结束谈话的欲望就越强烈。

沉思的表情:

五指并拢成尖塔状、手指摩擦脸颊特别是下巴,都表明一个人正在沉思,此时你最好不要轻易打扰对方。当一个人想说什么但又没做好准备时,他的手指会无意识地摸摸嘴唇。双手放在身后或插进口袋中,说明对方心情放松,不想说话。

喜欢的表情:

如果一个人老是用手整理衣服或下意识地梳理头发、用手轻轻碰触下巴,说明他想在外形上得到你的夸奖。和你握手时,如果对方整个手掌接触,表示他很喜欢你或对你的感情很深,只用手指接触表示喜欢的程度稍低一些。当一个人表示同情和关心时,往往喜欢碰触别人的胳膊。

自信的表情:

非常自信的人,在交谈过程中往往会把大拇指跷起来,或者不自觉地分开五指。手指呈尖塔状立起,说明一个人对自己所说的非常自信。还有人喜欢把拇指跷出口袋,这是放松、自信和友好的表现。

撒谎的表情:

怎么能看出一个人在撒谎?撒谎时,他的手会无意识地做出一些小动作,比如说话时手势过于频繁,或者总是不停地用手去碰脸,手掌盖住嘴巴,甚至是把手藏到身后或座位下面。

TIPS 测试:谁是办公室里可怜虫

1.把手放在背后,或是不断地看手表

2.把手插在口袋里

3.双腿交叉地站着

4.找一面墙靠着

答案:

选1.不适合耍心机

你是一个企图心很强的人,又不太会掩饰。你很讲求效率和成效,一想到什么事,就要立即做到才行。这样的个性,在你的脸上表现无遗,所以你也是一个不适合耍心机的人。有些"血淋淋"的斗争,其实你并不喜欢,但因为怕别人的闲言闲语,就虚情假意地做着。办公室里你是一个不太圆滑交际的人,弄不好会得罪别人,四处树敌哦。

选2.小心聪明反被聪明误

你是一个有城府的人,做什么事,都会经过详细和周密的筹划,可是最不按常理"出牌"的人也是你。在你笑脸的背后,也许隐藏着什么重大的阴谋。正因为你把全部的聪明全放在人际的周旋上,而相对的却对工作上关心减少,所以小心聪明反被聪明误。办公室中你有着相当好的人际基础,不过总给人不放心的感觉,那是因为软件条件到位了,硬件条件还有待加强,所以还要努力点,别让人以为你是个只会耍嘴皮子的人哦。

选3.缺乏自信心

在办公室你的角色,有点像一个小可怜虫。虽然做什么都是实干苦干的,可是就是对自己缺乏自信心。别人随便吼你两句,不管你是不是有理的,总是会吓得个半死,你太过委曲求全,迎合别人了,有点没有原则的忍让,让别人以为你只不过如此,而忽略了你的"小宇宙"。虽然你每天都立志要做一个有主见的强人，可是总是有点事与愿违，请努力把幻想转为现实吧。

选4.不善于管理自己的情绪

这样的人，通常心智还没有真的成熟。情绪管理的情商比较差，阴晴不定的表情常常会挂在脸上，处理事情大多比较孩子气。做事好像也是随性而为，老大不高兴就摆张苦瓜脸呆在那儿，这种性情在办公室里比较不受欢迎，久而久之会让上司对他产生意见，连同事之间也不见得会喜欢哦。所以首先要改变自己的思路和想法，做一个真正成熟可靠的办公室一族。

第六章

将领地反应运用到团队合作中

在与人打交道的时候,要尊重别人的空间,这里既包括私人空间,更包括"权利空间"。一般情况下,不要做侵犯别人"领地"的事情。因为每个人都有"领土意识"。这种意识其实就是一种自卫意识。

这在职场里表现得最为突出。

自己的地盘里,人会表现得放松、自在、威严,还可以丝毫不费力地指挥。

如果有人敢于挑战自己的领地范围,则会引起强烈的警觉和反击。

观察人的姿态和动作,可以判断出其内心是否具有安全感,如果可以激起对方强烈的"不安全感",说明你已经挑战了他的"地盘"。

在职场上,与同事相处,一定不要冒犯对方的"领土"范围。尽管这种领土意识看起来似乎很荒唐,但在现实中是存在的,你不能忽视它,更不能去冒犯它。在团队合作中,我们更要时时警惕不要误入"雷区",侵犯了团队伙伴的领地又危及了团队合作的稳定。

将领地反应引入到团队合作中是先人一步的团队管理理念,如何处理好伙伴们亲密无间的合作关系与每个人都想保有的私密领地之间的矛盾,是将来每一个管理者要面对的问题。

壁垒分明的合作
——每个人都有自己的"地盘"

在职场个人空间是个棘手的问题,因为它既是你的,又不是你的。

可能你分到了一张办公桌、一台电脑,也领取了办公用品,可是每一件东西最终的所有权属于公司。

很多人将他们的工作领域私人化。不过,适用于家里的个人空间法则在公司却不一定适用。

人们对工作场所个人空间的看法各异,一部分人认为所有的空间都属"公有"。

在这种人眼中,你的椅子就是我的椅子,你的办公用品就是我的办公用品;另一部分人对界限的界定则严格得多。他们认为每人都有属于自己的物品,什么时候别人能占用他们的个人空间、如何占用。

谁能碰他们的东西、用他们的东西,这些他们都有自己的规矩。个人空间也包括身体接触。对那些喜欢亲密接触的人来说,拥抱、亲吻、手臂搭在别人肩上都是工作中正常的人际交流姿势。另一些人则认为工作中的身体接触最多就是握握手,其他的动作就会让他们觉得受了冒犯。

和别人共享工作空间你觉得自在吗?

有没有某些私人物品你不喜欢别人碰(电话、电脑、日历、你办公桌上的东西)?

你如何看待工作中的身体接触?

你的同事拥抱你时,你是否觉得不舒服?

根据你的个人空间界限,你要么时常觉得被攻击,并且对那些"侵占你个人空间"的人大为光火;要么就会觉得很受伤,为你的同事告诫你不要乱动他们的个人物品而困惑不解。

1. 明确界限——请不要轻易挑战别人的"领地"

每个人都有属于自己的"领地"，只不过当它以无形的方式表现出来的时候，就常常容易被忽视，而这也恰恰是最易出现问题的时候。

在工作场所，人际间的界限时常被僭越。界限准则：如果你不时感到愤怒、沮丧；或不住地抱怨某人某事，你大概就需要设立界限了。

和别人明确界限时，要说得清楚明白，不要怒气冲冲，用词尽可能简练。如果你自己都不打算维护界限的话，还是别设立的好。

格伦达和同事山姆相处得不错。山姆是销售金融产品的销售代表，和其他的销售代表一起在大办公区里工作。大办公区是一个开放的工作空间，其中每个销售代表有一张办公桌、一台电脑、一部电话，没有任何隐私可言。而格伦达是分管销售的副总裁的行政助理，有自己的格子间，就在老板办公室的旁边，相对来说要私密得多。格伦达的状况一开始可没这么复杂。

两个月前，山姆凑过来问她，能不能在午餐时间在她的格子间打个私人电话。"你也知道，大办公区里吵得要命，"他诚恳地说："我可不愿意自己那点事搞得谁都知道，要是我拿自己手机打的话，就得出去打了。"格伦达为自己有专属的办公区一直略感内疚，而且她觉得山姆人也不错，就答应了。

两个月后，格伦达没法把山姆从自己的空间里弄出去了。每天中午她吃完午饭回来，都能发现山姆来过的迹象，像桌上的面包屑，废纸篓里的易拉罐，便条本上的胡写乱画。她一面擦桌子，一面在脑海中想象和山姆对质的场景：

"你怎么能进我的格子间，用我的电话，问都不问我一声！"

左思右想之后,她决定还是别这么做。

"也许我对自己的地盘占有欲强了一点",她想道,"山姆一天到晚身边都是人,一定也挺难挨的。"

一天下午,格伦达吃午饭回来,发现山姆又占据了她的地盘,山姆斜坐在她的椅子里,脚架在她的办公桌上,全神贯注地打电话。格伦达简直不敢相信自己的眼睛。

当山姆察觉到格伦达在身边时,他微笑着举起食指,意思是"再等一分钟。"

格兰达退出了自己的格子间,20分钟后,她发现自己仍然徘徊在格子间外。她觉得周身的血液开始沸腾,她怒气冲冲,心力交瘁。

格伦达在工作中被套进了一个人际关系的两难困境。一开始她不过是向同事表示友好,最后却发展成一场噩梦。当两个月前格伦达答应山姆的请求让他用自己的电话时,她认为这不过是帮一次忙。而另一方面,山姆却将格伦达的默许理解成她大开绿灯,只要格伦达不在,他就可以进驻她的格子间。

我们可能忍不住要斥责山姆太随便,可真正的问题涉及对于人际界限的不同看法。山姆和格伦达对私人空间的看法大相径庭。

山姆占用同事的东西没有感到丝毫不自在,就好像那是他的一样。格伦达却感觉被山姆的这种态度冒犯了。如果她要解套,就要主动明确界限。在允许山姆使用她的空间时,她必须清楚地说明自己可以容忍的极限。

界限就是界定疆界、保护疆界内居民的限定性因素。

地理上的疆界是可见的,因此容易辨认。当你离开一个地方进入另一个地方时,路牌会明明白白地告诉你。国界清晰地标出国家间的界限。土地所有者用门、篱笆和其他标志物来界定自己的所有权。

人际界限则是界定和保护人与人之间身体上、情感上和心理上的领土的限定性因素。

和地理界限相比,他们难以辨认。这就意味着除非别人告诉你,否则你不会知道你已经僭越了他的界限。

另外，人际界限因人而异，每个人都有自己独特的界限和准则。

你老板下午5:30给你一份报告，希望你6点前就完成没什么不妥，但是你却觉得他这最后一刻才下的命令是对你时间权力的侵犯。

你的同事可能觉得听听你打电话没什么不对，你却觉得这侵犯了你的隐私。

有的员工能大谈特谈自己与新恋人亲密的细节，而另一些员工却觉得在工作中应该禁止谈论私人事务。因为人际界限是肉眼看不见的，而且因人而异，因此必须要开诚布公地交流沟通。任何工作都涉及界定并清楚表达你的人际界限，以及了解并尊重他人的人际界限。让我们看看你在如下领域的界限观念。时间时间是巨大的竞技场，展示出不同的界限观念。你可能也注意到了，不同人的时间观念大不相同，对时间的理解也千差万别。

在有的人眼里，早上10点的约会从10点到10:45都算有效。有人习惯等到最后一分钟才完成工作任务。有些人则每天提前上班，每个约会都提前到达。有人从不能在最后期限前完成工作，有人则从不拖延，永远赶在最后期限之前。

你如何理解时间？

你擅长计划还是习惯拖延？

你是否倾向于准时到达，并希望别人也是如此？

你觉得时间是灵活的，约会早一点晚一点都可以？

开会或者赴约时你是否经常最后才到？

根据你的时间界限，你可能时常因为别人无视你的时间而万分恼火，或者你经常为自己迟到找理由辩解。

2. 彼此的自尊,是领地的底线

本杰明·富兰克林深受世人的敬仰,不仅因为他是美国的开国元勋和杰出的科学家、政治家,更因为他一直被后人推崇为人类精神最完美的典范。

一天,富兰克林和年轻的助手一道外出办事,来到办公楼的出口处时,看见前面不远处正走着一位妙龄女郎。也许是她步履太匆忙,突然脚下一个趔趄,身体失去平衡,一下子就跌坐在地上。富兰克林一眼就认出了她,她是一位平时很注重自己外在形象的职员,总是打扮得大方得体、光彩照人。助手见状,刚要迈开大步,上前去扶她,却被富兰克林一把拉住,并示意他暂时回避。于是,两人很快折回到走廊的拐角处,悄悄地关注着那位女职员的动静。面对助手满脸困惑的神情,富兰克林只轻轻地告诉他:不是不要帮她,但现在还不是时候,再等等看吧。一会儿,那位女职员就站起来,她环顾四周,掸去身上的尘土,很快恢复了常态,若无其事地继续前行。等那位女职员渐行渐远,助手仍有些不解。富兰克林淡淡一笑,反问道:年轻人,你难道就愿意让人看到自己摔跤时那副倒霉的样子吗?助手听后,顿时恍然大悟。

行走在人生的旅途上,谁都会有"摔跤"的时候,当初的尴尬、狼狈,暂时的脆弱、痛楚也在所难免。这个时候,一个人最需要的是有一个独自抚平创伤、恢复自尊的时间和空间。但当你向对方表达善意、施与关爱的同时,千万别误伤了对方的自尊,哪怕他是你最亲近的人。

每个人或者每件事都会有一个最基本的底线,比如学校的底线是你得去上学、得写作业;工作的底线是你要完成自己该做的事。那么,你自己也会有一条底线,或许你知道自己的底线在哪儿,或许你自己也不知道自己的底线在哪儿,但是每个人都是在按照自己的底线在交往和生存。

什么是人生的底线？

所谓人生的底线就是指在做人做事的过程中必须遵守的一些最基本的规则、标尺和原则，是判断一个人能够做什么和不能做什么的准则。它是人类在长期的交往过程中形成的为人们所认同的规则。因此，底线对于我们的人生来说是相当重要的，一旦底线突破就会引发意想不到的后果。

当然，底线并没有完全统一的标准，它在不同的场合、不同的地点就可能是不同的东西。有的时候底线可能是一件事情，有的时候底线可能是某个具体的规则，还有的时候底线就可能是某句话。

例如：你和你单位的领导出席同一公开场合，在这个时候，领导的面子可能就是领导的底线。平时在私下里，领导可能和你为了公司的事情可以大声地争吵，甚至拍桌子也没关系，但这个时候如果你不给领导面子，弄得他下不了台，你就有可能得很快滚蛋。

有这么一个例子：

在一个公司的年会上，一个很重要的主管经理因为对公司福利的事情有些不满，便不依不饶地追着老板要讨个说法。老板说，这个问题能不能回头我们俩私下里再说，等开完这个会？这个主管经理不知道是喝多了还是怎的，很是激动地说：不，你今天一定要给我一个说法！当着众多经销商、媒体记者、行业同仁的面，老板肯定是抹不开这个面子的，只好说，好好好，我答应你，没问题。这个主管经理觉得满意了，应该能解决了。第二天当他兴冲冲地去公司时，只见公司外贴着一纸通告，他已经被老板逐出门了，唯一的理由就是因为昨天"缺乏团队精神，缺乏全局观念"，实际上是让老板下不了台，老板觉得很受伤！在那种场合，老板的面子就是老板的底线。

所以，在公开场合，人和人之间交往的底线就有可能是面子，这个时候我们必须懂得给他人面子，我们才能在社交场中如鱼得水，否则我们就会因得罪他人而突破别人的底线招致报复，甚至被人狠狠地阴上一把。

而在生意场中，虽然是以赚钱为目的，但也有其道德底线，有其交易规则。诸如诚信、公平交易这些道德标准就是底线。如果违背这些道德底线，一意孤行，生意将会做不下去，最后闹得人财两空。

有这么一个故事：

古代有两个商人，各自经营着自己的小店。他们是同胞兄弟，经营的小店是继承父母的家业。父亲临终时，对兄弟两人说："商以德行，德以术胜，经商求术忌无德，切莫以术欺人，害客害己。"后来，其兄经营东南面的店，其弟经营西北面的店。

起初兄弟俩都能遵守父的教诲，生意甚好。后来，东南面店的哥哥认为老实经商赚不了大钱，就心生邪念，在酒中加水。一个月后，他比弟弟多赚了3000文钱。但第二个月后，弟弟反而比哥哥多赚3000文钱，于是哥哥怀疑弟弟也学会了加水，于是他在酒里加了更多的水。但到第三个月后，哥哥的酒店竟无人问津了，而弟弟的酒店却生意兴旺。

于是哥哥质问弟弟："我的智商和经营能力都在你之上，为何经营不过你？"弟弟说："你的智商和经营之术的确高于我很多，但论德行可远远不及，而且你已经忘记先父遗言，商以德行，德以术胜，你在酒中加水坑客害人，焉有不败之理？"

在这个故事中，诚信、不造假就是底线。在酒中加水，就是突破了底线，刚开始也许别人不知道，或许会获得暂时的利益。但人心是一面明镜，终有一日大家都会知道，这样的生意自然只有垮台的下场了。而且这个当哥哥的，估计以后无论做什么事情大家都会对他提高警惕，用现在的话来说，就是哥哥已经信用破产，要想做生意恐怕是没戏了。

总之，人生在世，做人做事总归是都有一些底线的，这些底线对于我们的人生很重要，我们要学会用自己的头脑去琢磨这些底线，并且应当把它当做做人做事时的一条红线，千万不要随便去突破这些底线，否则有可能招致不必要的损失。因为，突破底线就像你正好好地走在规划有序的人行道上，不知道脑子出了什么毛病，非要跑到机动车道里去，你不出事才怪！

3. 有自己的主见，不要干扰对方的"精神领地"

一位心理学家曾做过这样一个实验，当他与朋友在餐桌上聊天时，他有意识地将桌子上一件件的餐具往朋友那边移动，结果本来谈得很热烈的朋友开始变得心神不定，最后终于提出了抗议，说他感到了某种压力。由此心理学家得出结论：我们每个人都有一个精神的领地。

有个寒冷的冬日，在路旁水泥台阶上，一个头发蓬乱、衣服油腻污垢的流浪汉，正在一边喝着一小瓶散装白酒，一边吃着盒饭。他忘记了周围的一切，完全沉浸在自己的一个人的世界里。但此刻路过他身边的我却很难受，不知是哪根神经被触动了，我很冲动地掏出10元钱递给他，他很吃惊地看我，仿佛从梦中醒来一般。他停止了咀嚼，小酒瓶也放下了，但没有道谢，只是怔怔地盯着那10元钱。这10元钱无疑成了对他处境的提醒，我听到了一声沉重的叹息。

或许，我们在善良的同时，还要学会给人留一点心灵的空间。每个人都有自己独立的精神领地和自尊，在别人精神的领地里，不要以为凭善良就可以随意闯入。

评论的人是别人，真正做事的却是你自己，思想领地受干扰容易导致失败，"心有主见"是维持一个人格调的一项很重要的因素。一般人少有"主见"，所以难有吸引人的"特质"。心中有主见，走在人生的路途上，就能有为有守，显示刚强壮丽的生命情调。人生的轨迹不需要别人定夺，只有自己才能为自己的人生画布着色。

生活中总是有一些人缺乏自己的观点，凡事都指望着别人出主意，自己只要照着做就万事大吉了。然而这样常常会出现失去自我，迷失方向,不知道自己该真正干什么,最终导致在人生路上的停滞,最终失败。我们必须做个有主见的人,坚持自己的想法,不为任何人的评价而改变对生活的积极态度,用自信的微笑证明决定权在自己的手中。有主见绝不是任性,更不是冲动,是处事冷静沉着,是为人谦虚谨慎,是不为任何事所牵绊而勇往直前。

郑板桥曾经说过:"滴自己的汗,吃自己的饭。自己的事,自己干。靠天靠地靠祖上,不算是好汉。"在遇到事情的时候,要善于拿出自己的观点,坚持自己的想法,有时自己的观点往往就是正确的。

苏格拉底的学生曾经问他如何才能使自己的思想领地不受干扰?于是苏格拉底让大家坐下来,然后他用拇指和中指捏起一个苹果,慢慢地从每个同学的座位旁边走过,一边走一边说:"请同学扪集中注意力,注意嗅空气中的气味。"

转了一圈之后,他回到讲台上,把苹果拿起来左右晃了晃,问:"有哪住同学闻到了苹果的味道?"

有一位学生举手站起来回答说:"我闻到了,这个苹果很香!"

"还有哪位同学闻到了?"苏格拉底又问。

学生们你望望我,我看看你,都默不做声。

苏格拉底再次走下讲台,举着苹果,慢慢地从每一个学生的座位旁边走过,边走边叮嘱:"请同学们务必集中精力,仔细闻闻空气中的气味。"回到讲台上,他又问:"大家闻到了苹果的气味了吗?"这次,绝大多数学生都举起了手。

稍停一会儿,苏格拉底第三次走到学生中间,让每位学生都闻一闻苹果,回到讲台后,他再次提问:"同学们,大家闻到苹果的香味了吗?"他的语音刚落,除一位学生外,其他学生全部都举起了手。那位没举手的学生左右看了看,慌忙也举起了手。

看到这种情景,苏格拉底笑着问:"大家闻到了什么味儿?"学生们异口同声地回答:"苹果的香味!"

苏格拉底脸上的笑容不见了,他举着苹果缓缓地说:"非常遗憾,这是一个假苹果,什么味儿也没有。如果不能坚持自己的看法,总是人云亦云,就很容易走入误区,人生就会遭遇失败。"

在当今这个纷繁复杂的社会,人言可畏,随大流就成了人们自保的办法。所以没有主见随波逐流的人,是永远不会取得成功的。要想获得成功,就应该凡事不随大流,要有自己的主见,坚持自己的立场。

巴尔扎克之所以能够写出惊世之作《人间喜剧》,是因为他始终坚守着自己的作家梦,不让自己的思想受到任何的干扰,而是全身心地写作。进化论的问世,是由于达尔文坚持自己的主见,从事生物研究。总而言之,一旦思想领域受到干扰,人们就会失去主见,便不能再做自己的主人,更不能成就一番属于自己的事业,正所谓"行成于思,而毁于随"。

为人处世一定要有自己的主见,是众所周知的道理。但真能做到事事均有自己的主见,不为他人言行所左右,使自己的思想领地不受干扰,却非易事。任何时候,我们做事都应该有主见。随波逐流地按照别人的指点行事,那么事情是不会成功的,即使侥幸成功了,你也不会从中学到任何东西。因此想要成大事的人,就应该拿出魄力来实施自己的计划,按照自己的规划去一步步实现梦想。

思想领地受到干扰就很容易失去自己的主见,从而被人所左右,光考虑别人就会使生活乱为一团,凡事不要依赖别人的意见,要有自己的想法,要依照自己的规划行事,这样才能成功。

雨果曾经说过这样一句话:"我宁愿靠自己的力量打开我的前途,而不愿求有力者的垂青。"只要一个人活着,他就有权利运用自己的观点解决生活中的问题,成功与失败,都只系于自己是否能拿出正确的观点,是否能够坚持自己的观点,思想受到别人的干扰,依据别人的想法做事,是对生命的一种束缚,是一种寄生状态。

一个人首先要学会依靠自己的力量,善用自己的想法。

不依赖别人的想法,而是将自己的想法实施到底,只有在这样的坚持下,才有可能有所成就。

将希望寄托于他人的帮助,便会形成惰性,失去独立思考和行动的能力；

将希望寄托于某种强大的外力上，意志力就会被无情地吞噬掉。

因此，让我们做一个有主见的人，保卫自己的领地，凡事都拿出自己的观点，这样我们就能摆脱被别人所左右的命运，就能取得自己期盼的成功。

对自己产生怀疑是愚蠢的，只有自己是最了解自己的，坚信自己的想法是正确的，对自己充满信心，这样才能摆脱不自信的阴影，获得成功。

链接：办公室8招开辟职场新领地

工作几年之后，是不是认为职场中人心叵测，每个人都像戴着面具在生存；是不是觉得前途一片暗淡，看不到自己的未来发展方向？这是因为你还没掌握职场中的生存法则，赶快来学习吧！

在明枪暗箭同样难防难躲的职场中生存，日复一日地重复着小心翼翼如履薄冰的辛苦日子，你感到疲劳吗？这里教你办公室8招生存技巧，学会这几招，马上就能开荒破冰，创建属于你自己的职场新领地！

技巧1：别把责任推给运气、命运什么身上！

不要把事业中的任何一件倒霉事儿都赖在命运身上。把你所中意的职业、公司的相关信息搜集起来，放在一个文件夹里，机会是给那些有准备的人的。

技巧2：向上司表明你的想法

别等着上司主动找你谈关于你的工作表现和他的期望的事。你得自己时常做个回顾和检查，弄清楚自己到底干得怎么样，是否符合上司对你的期望。

技巧3：改善你的办公室人际关系

与同事相处越融洽,工作就会做得越顺利。在办公室里,要学会包容各种不同个性的存在,这样会让你与同事之间的摩擦减少,合作起来也会相对愉快。

技巧4:保持不断学习的心态

在社会飞速发展的今天,固有的知识很快就会变得陈旧,一文不值。所以你一定要在工作的同时不断地学习,让自己跟得上专业知识的发展。

技巧5:向一个可以信赖的人取经

任何人的智慧都是不可替代的。多接近那些拥有很多你所需要的专业技能以及犀利眼光的人。这个人不一定要既完美又有影响力,只要是一个可以帮助你进步的人就足够了。

技巧6:为你的工作和生活寻找平衡点

只知道整天埋头工作不懂生活的人一定不会成功。因为如果你没有办法平衡工作和私人生活,你很快就会垮掉的。和老板之间的人情债你得算清楚,可不要让工作凌驾于你的人生之上。

技巧7:学会娱乐

利用休闲的时间,和同事们一起玩乐一下。这样的互动机会能够更加促进同事之间的关系。一些大的公司有自己的社交协会,就是为了鼓励员工多多交流,也可以释放工作压力。

技巧8:保持激情

爱一行才能干一行。如果你对一项工作没有激情的话,你常常会发现自己找不到时间去做这项工作,因为你的时间都在抱怨、烦恼中浪费掉了。如果有机会,尽可能找到你最喜欢的职业,让你的激情得以延续,也可以让你的个人价值得以实现。

别越雷池
——"领地反应"是这样被触发的

把握几个敏感点,不跨越雷池,时常反省自己的言行,用积极心态灵活应变,不失为一个增强生存能力的好办法。

1. 莫触碰对方的"痛点"

在待人处世中,场面话并不是谁都能说的。也许一不小心,你就已经踏进了言语的"雷区",触到了对方的痛处,犯了对方的忌,对听话者造成一定的伤害。

每个人都有自己的特点,待人处世的一个很重要的因素就是善于发现对方身上的优点,夸奖对方的长处,而不要抓住别人的隐私、痛处和缺点大做文章。

日常交往中,"揭短"有时是故意的,那是互相敌视的双方用来作为攻击对方的武器。"揭短"有时又是无意的,那是因为某种原因一不小心犯了对方的忌讳。有心也好,无意也罢,在待人处世中揭人之短都会伤害对方的自尊,轻则影响双方的感情,重则导致合作的破裂,产生负面影响。

明太祖朱元璋出身贫寒。做了皇帝后,自然有昔日的穷哥们儿到京城找他。这些人满以为朱元璋会念在昔日共同吃苦的情分上,给他们封个一官半职。谁知朱元璋最忌讳别人揭他的老底,认为那样会有损自己的威信,因此对来访者大都拒而不见。

有位朱元璋儿时一起长大的好友千里迢迢从老家赶来,几经周折总算进了皇宫。一见面,这位老兄便当着文武百官大叫大嚷起来:"哎呀，朱老四，你当了皇帝可真威风呀！还认得我吗？当年咱俩可是一块儿光着屁股玩耍，你干了坏事总是让我替你挨打。记得有一次咱俩一块偷豆子吃，背着大人用破瓦罐煮，豆还没煮熟你就先抢起来，结果把瓦罐都打烂了，豆子撒了一地。你吃得太急，豆子卡在嗓子眼儿还是我帮你弄出来的……"

这位老兄在那喋喋不休唠叨个没完，宝座上的朱元璋再也坐不住了，心想此人太不知趣，居然当着文武百官的面揭我的短处，让自己的脸往哪儿搁。盛怒之下，朱元璋下令把这个穷哥们儿杀了。

每个人心里都有不愿被提起的隐私，如果不慎戳到痛处，便会怒不可遏，这也是人之常情。很多情况下，我们的人际关系对我们的事业和生活关系重大，不慎的言语，很有可能在自己未加注意的情况之下让自己陷入窘境。

俗话说，两年胳膊三年腿，十年难磨一张嘴。可见，学会说话比学其他技艺都难。有的人说起话来娓娓动听，让人听着很舒服。有的人说起话来像是一柄利刃，专捅别人的短处和痛处。有的人说起话来，一开口就使人感觉到反感。

有一天，几个同事在办公室聊天，其中有一位李小姐提起她昨天配了一副眼镜，于是拿出来让大家看看她戴眼镜好看不好看。大家都说很不错。这时，同事小兰因此事想起一个笑话，便立刻说出来："有一个老小姐走进皮鞋店，试穿了好几双鞋子，当鞋店老板蹲下来替她量脚的尺寸时，谁知这位老小姐是个近视眼，看到店老板光秃的头，以为是她自己的膝盖露出来了，连忙用裙子将它盖住……"

办公室响起了一片哄笑声，谁知事后，大家发现李小姐再也没有戴过眼镜，而且碰到小兰后，再也不和她打招呼了。

正所谓说者无心，听者有意。在小兰看来，她只是联想起一则笑话。然而，李小姐则可能认为，别人笑我戴眼镜不要紧，还影射我是个老小姐。

每个人都有自己的忌讳，也都反感别人提及自己的忌讳。有时候，即使是赞美他人，不小心也可能冲撞了对方，引起对方的反感，有时可能还会招来怨恨。

总之，要想与他人友好相处，就要时时替他人着想，尽量体谅他人，维护他人的自尊，千万不要揭人之短，尤其是和同事产生矛盾的时候。

其实，在职场中，同事之间难免会产生矛盾，但不要因小的摩擦而对他人揭短。无论是有意还是无意，都会伤害对方的自尊，轻则影响双方的感情，重则会导致友谊的破裂。

要做到不在自己无意的情况之下戳人痛处，首先要做到"知己知彼"，了解对方的长处和短处。每个人都有自己的需求和忌讳的方面，如果你一时不知对方的忌讳是什么，说话就要谨慎，否则就可能进入揭短的误区。

其次，不要提对方不光彩的事。在与他人接触时，要多夸别人的长处，多提对方的光彩之事，不要拿对方不光彩的事做文章，否则就等于在人家的伤口上撒盐，无论是谁都很难忍受的。

2. "领地边界战争"——远离小帮派

不少职员对加入一个业已形成的小圈子津津乐道，觉得拥有一定势力的帮派能有助于自己的职业生涯。殊不知，这已经违背了职场禁忌，一场关于领地的"边界战争"很可能就此萌发。

其实，无论对上司还是员工来说，办公室的派别之争都是不可取的。在小帮派里的人应酬较多，私人事务也增多，很难抽时间加班或学习专业技能。如果在一个办公室，他们可能会在上班时间聚在办公室聊天。走得太近，关系就会越近，有时会为了圈子里的几个人的利益而置公司利益于不顾，甚至会不怕违反公司的规章制度。这个结果是老板不愿看到的，一旦老板把你当成小帮派的一员打入黑名单，你在公司里的前途就基本结束了。所以,仅仅是从自身的发展考虑,我们要远离小帮派。

在职场中很容易出现这样的情况:

你和这位领导亲密一点,却惹恼了那位领导;

你与那位领导接触多一点,结果又开罪这位领导;

最后弄得没有一个领导喜欢你。

领导们同为一家组织服务,本不应该有什么矛盾,但同为一个工作目标而努力,由于个人观点、为人风格、处事方法各不相同,很容易产生分歧和纷争。作为下属,根本没有必要介入到这种纷争中去,更不应该在背后议论、扩展这种纷争。

为了不陷于派别之争,下属对待上级领导要密疏有度,一视同仁,不搞特殊化。要做到这一点,要求你在工作上对待任何领导都一样支持,不可因人而异。

职场中,派系里大多是利益上的小团体。即使是在同事之间,这样的派系也是存在的。加入某个派系之中,就好比大树遮阳,当这个派系强大的时候,就有可能得到保护,甚至是升职。但是,同事之间的派系难免明争暗斗,如果你所在的派系失败了,你就无法兼容于另一个派系。

而且,人大多数都是趋利的。在许多大型公司中,出于利益与权力的争夺,自然而然地就形成了一个个派。一旦公司中存在派系斗争,如果你想在公司中得到提拔,就很可能被卷入政治斗争之中。因为如果没有靠山,你就难以得到重用的机会。而一旦你的上司处于斗争的下风,你就可能跟着一起落马。如果中途倒向别的派系,也同样是不明智的选择,因为这会让别人看到你的不可信,虽然一时可能得到好处,但一旦失去利用价值,你的处境就很危险。

因此,不论是非,都不要混入到任何"帮派"中,平时也不要表露出自己的心迹。比如,在办公室不要议论和公司有关的任何事情,否则,就有人会借题发挥,打你的主意,想把你拉到自己一边。作为员工,你只需要把自己应该做好的那份工作出色地完成即可。卷入无谓的派系争斗之中,最终只会得不偿失。

也许,到一个企业上班之前,你的家人和朋友可能都会告诉你,要与办公室的同事保持适度的距离。对待同事要一视同仁,不远不近、若即若离是一种美好的境界。但没过多久,你可能会发现,有几位同事对你真的很好,而你也觉得他们不错,于是逐渐来往频繁,甚至成为无话不谈的朋友。直到有一天,你才从别人多少有些异样的眼神中发现,自己已经被看成是"圈子里的人"。

但是,这种"小圈子"不但没能使你有归属感,反而让你有一种落入"陷阱"的感觉。

但即便如此,你也不能辜负他们,否则,就会像做了叛徒一样难受。

于是,你被一种说不清、道不明的奇怪心情笼罩,"友谊"与"背叛"的较量使你的行事规则不断被打破。

慢慢的,你就觉得人与人的关系变得越来越复杂,自己的空间也变得越来越小。

这样,你就等于误入了办公室常见的人际关系误区——"小圈子",也已经有了卷入派系纷争的危险。

置身于有矛盾、有派别的环境当中并不可怕,关键是你要掌握高明的处世哲学。一个有志于发展职场前途的人,要培养自己远见卓识和高屋建瓴的素质,对事物具有准确的判断力、办事时具有原则性和灵活性,无论是谁交代的工作都要一丝不苟地完成。在工作中讲原则,不讲江湖义气。否则,跃进派系争斗的深渊,只能自认倒霉。

对职场中人来说,要学会对每一个同事都一视同仁,学会与所接触到的每一位同事都保持一种和谐而又不过分亲近或过分疏远的关系。这样,你就拥有了一个良好的、广泛的办公室人际关系,也为自己的个人发展拓展了空间。

此外,还要注意的是,在对待同事之间的人际关系问题上要学会观察。

首先要搞清同事之间的各种关系,是是非非不要去作判断,更不要介入其中。

对于有些拉拢你的人要小心,不要意气用事,对有些敌意的人要泰然处之。

在工作中与所有的同事和谐相处,积极参加大型集体活动,少参与"小圈子"的聚会,这会为你的工作创造良好的环境。

当然,几个不错的同事在一起聚聚也是常有的事,但却不能因此而疏远了别的同事。

总之,派系斗争中,保全自己,不要轻易透露自己的倾向,才是最佳的处世方式。

3. 守住"隐私",锁住"领地"

每个人,回忆里总会有一些难言的往事和不愿提及的伤痕。与人相处时,给人留些颜面和自尊,切莫揭人家的短。

人不可能不犯错。所以几乎每个人都有不太光彩的过去,或者有身体或性格上的缺陷,而这些就构成了一个人的短处。每个人的短处都是不愿意让人知道的。所以,与人相处时,即便是为了对方或为了大局而必须指出对方的缺点、错误时,也要讲究正确的方法、策略,否则不仅达不到本来的目的,还可能会惹下麻烦。

那么,怎么才能做到在做人处世中尽量不揭人之短呢?下面这几条意见也许会对你有所助益:

第一,忌涉及别人的隐私。每个人都有一些不愿公开的秘密。尊重别人的隐私,是尊重他人人格的表现。所以,当你与别人交谈时,切勿鲁莽地随意提及别人的隐私,这样,别人就会觉得你遵循了人际交往的礼貌原则,便会乐意跟你交谈和交往。反之,假如你不顾别人保留隐私的心理需要,盲目触及雷区,不仅会影响彼此之间谈话的效果,而且别人还会对你产生不良印象,进而损害人际关系。

第二,忌提及别人的伤感事。与别人谈话,要留意别人的情绪,话题不要随意触及对方的情感禁区。

第三,忌提及别人的尴尬事。当别人在生活中遇到某些不尽如人意的事时,你若与之交谈,最好不要主动引出这种有可能令对方尴尬的话题。

在人际交往中,必须记住这一条:不揭人之短,给对方面子。必须学会设身处地想一下,别由着自己的性子和习惯,学会换一种面孔做人,这样才能和和气气,皆大欢喜。

隐私指不愿告人或不便告人的事情。和别人无关,关于自己的利益的事。

隐私的概念林林总总,可谓见仁见智,但仔细分析隐私概念的外延,其无非包括以下方面:

1)关于个人及家庭的单项资料,如身高、体重、血型、女性三围、身体缺陷、健康状况、财产收入状况、心理性格特征等。

2)私人活动和关系,如婚姻爱情生活、夫妻两性关系、求学工作经历和活动、家庭和社会关系、爱好与信仰活动、未成年时期的犯罪及不光彩历史等。

3)私人空间和领域,如住宅隐秘、通讯秘密、生活安宁、感情空间秘密。每个人都要按照上述侵犯隐私权的行为和隐私概念的外延范围内,保护好自己的隐私。不要轻易向别人吐露心声,这是必要的生存法则。

喜欢"一吐为快"的职场人士往往都会付出惨重的代价。

小雷跳槽到一个私营企业做文案工作,两个月没干完就遇到了烦心事——工资没有按时发放,他已经断炊了。年轻人总爱泡在网上。因为小雷的工作并不忙,所以聊天的时间也比较多。这两天,他逮到人就诉苦水:"前天就应该发工资,可今天还没动静。我怀疑我们公司都要倒闭了!""当老板的为什么总喜欢拖欠员工工资!"抱怨中带有发泄。

没半天时间,他的同学、同事、朋友都知道了他的公司"财务状况不景气"。有的劝他早点离开,有的为他愤愤不平,有的笑他进了个"皮包公司"。小雷是个"月光族",没有存钱的概念,每个月到了月底就盼着发工资。这次工资没有按时发,他有点不知所措了,加上他一向口无遮拦,想说什么就说什么。"一吐为快"之后,小雷的心情果然好了许多。

还好,没几天公司就发放工资了。原来发工资那天正好会计的老家出了点事,请假回去了,所以推迟了三天发工资。可是,小雷领到工资的当天就被老板委婉地辞退了。老板说:"我们不需要对公司没信心、没耐心、没爱心的人!"小雷怎么也想不明白,老板怎么会没头没脑地说出这样一番话来。

后来经打听,他才知道公司的一个同事是老板的远房亲戚。这个同事很快就把小雷的话传给了老板。在这种情况下,如果小雷坚持几天,或是控制自己的情绪,不到处说公司倒闭、老板黑暗之类的话,他的结果就不会如此了。这些看似"私密"的活动和语言一旦表达出来,就不再是私密了。因此在对待个人隐私上就更要守口如瓶才好。

职场与每个游戏都是一样都有着自己的游戏规则,要保护好自己先要遵守这些规则是最基本的方法。

经常犯规的人必然受到规则的惩罚——同事不会说你,但他们会疏远你;

老板不会批评你,但他会直接开除你。有些人干得好好的,莫名其妙地就被开除了;

有些人很有才华,却总得不到升迁的机会;

因为他们光知道埋头苦干,却不懂得遵守职场"潜规则"。

所谓的"潜规则",就是指规章制度以外的规则,不成文,却需要自觉遵守。没有人教你,却是前辈们难得的经验。它像"一只看不见的手",在职场上,可以向上推你一把,也可以向下拉你一把。因此进入职场后要管住自己的嘴,特别是面对自己个别人隐私的时候,千万不要随意吐苦水,因为职场不是你吐口水的地方。

常见的吐苦水方式有:"我在这个部门真是倒霉……",要不就是背后批评"我们那个经理啊，真是糟透了……"，这样只会让自己的形象受损，更可能因遇人不淑而送给他人一个自己不适合本职岗位的理由。

千万不要逞一时的口舌之快而泄露别人的隐私。

也不要因为自己一时感情脆弱而向同事吐露心声。

别人不愿意说的事，你要识时务地闭嘴，不要追问到底。

即使一不小心发现了老板的"秘密"，也要学会"装聋作哑""见怪不怪"。

所谓"言多必失"，如果在错误的时间，错误的地点，与错误的对象说了一句错误的话，那后果真的始料不及。

因此，守住隐私，锁住好奇，不将自己的心声随意吐露，这才是守住了你的"领地"。

链接：四招教你应对他人"揭短"

每个人常会遇到被别人揭短的时候，比如，某某在老板面前说你的坏话，或者同学聚会的时候某同学把你的糗事公开，这时候你要怎么办？虽然"揭短"行径一般都为人所不齿，认为手法比较恶劣，乃小人所为。但是还是有很多人会做这样的事情。因此，当你被人"揭短"时，不妨采取以下态度来应对。

第一招：勿以牙还牙

有人一被人"揭短"马上还以颜色，同样也揭起对方的"短"来，结果变成互相揭短，以致丢人现眼，还给旁人留下心胸狭窄的印象。

第二招：安之若素

不要羞怯万状，也不要狼狈不堪，而要保持安然自若的风度，暂时把"揭短"抛置一边，用言谈举止表示对对方"揭短"行径的轻蔑态度，比如，或者与别人说笑，或点起一支烟，或端起一杯茶，以冷漠的举止或眼光表示自己的厌恶。也可置若罔闻,如同没有听到,不予理睬,让对方自觉没趣。

第三招:以君子之心度小人之腹

尽量不怀疑他人别有用心。因为在许多场合在你感觉是恶意地冒犯,也许对方往往是脱口而出或即兴联想的玩笑话,根本没想到会击中你的要害。即便对方真的居心叵测,你以君子之心度之,也会及时"制止"他。

第四招:主动出击

对方刚说了上句,你就主动出击,提高声调,转移话题打断他的话,敷衍了事。实在不行,就找个借口离开所处的环境。

4. 动什么别动老板的"领地"

事实上,要想在职场上平步青云,就必须处理好与老板的关系,与同事的关系。怎么样才能处理好职场上的关系呢?那就需要足够的智慧,千万不能触及老板的领地。

究竟什么是老板的"领地"呢?就是指老板的基本立场或准则,是老板能够容忍和忍耐的最低限度。

领地雷池一、声望

在公司里有很多出色经理人物,随着其才能的发挥,不仅给公司创造了可观的业绩,而且在团队里的威信很高,在外界的声望也很高,很快这样的经理就变得"声"高盖主了。老板们就开始为自己在公司里和在社会大众面前的声望和地位而担心,如果高级经理还不注意在企业内外部抬高老板的声望和地位,这样的经理就面临着很危险的境地,春风得意之时,也就是被罢免之时。

有一位朋友在国有企业里做事,其才能那是不用说的,原来在企业里作生产调度,公司有一亏损了多年的子公司,谁都不愿意去收拾这一个烂摊子。他临危受命,不到一年,就扭亏为盈了,第二年全面盈利,第三年就成为了该行业的领军老大企业,接下来的几年,不断为母公司回报高额利润分红,其声望在子公司是不用说的,在母公司也产生了很大影响。于是,老板将其调回母公司做分管销售副老总,一年多的时间,实现了销售收入翻番,几乎企业内外都知道他的才能,我多次提醒他,注意一把手的地位,他还满不在乎地说"老板很支持我!",结果,自然是大权旁落,被迫无奈,自己辞职创业去了。

领地雷池二、权力

有一类经理人其才不高,其业绩不出众,其内外在声望也不怎样,但是对于权术十分精通,善于左右逢源,善于赢得老板的欢心,专寻找老板除业绩以外的需求,以满足其需要。他们真正是公司内部政治的玩弄者,手中的权力有时候比老板还大,可以利用老板的信赖和心理上的依赖,欺上瞒下,左右公司去向,但是,"机关算尽太聪明,反害了卿卿性命",这样的经理人,一旦使老板意识到其权力的受到威胁,走人是肯定的。

我曾经做过顾问的一家企业,其一副总表面上看始终笑容可掬,对谁都很客气,在大会小会上始终是不说话的,但是背地里与老板相处就是说个没完。在公司内外,几乎与老板形影不离,老板的一切私人爱好,他都会安排得服服帖帖,下面的人都知道,所有的点子都是他出给老板的,谁也不敢得罪他,公司里谁要是想升迁,都要首先私下里与他沟通,他几乎完全控制了公司里的人权。同时,他又分管了财务,毫无疑问控制着财权,老板成了他手中的玩物,被架空得一塌糊涂。后来这位老兄被老板免去了职务,也就自然走人了。

领地雷池三、牟利

在很多公司里,老板明知道自己的经理人在牟取一点自己的小利,而睁一只眼闭一只眼。正所谓"水至清则无鱼",但是,如果过分地贪取公司利益，是老板绝对无法忍受的。作为一个经理人，凭借着公司给予的平台，谋取个人利益，一旦触犯了老板所认定的天条，那他就死定了。

以上可能是老板心理最常见的三条底线，也是公司政治的核心问题。

做了威胁领导的事，是所有高位出局的原因。对于第二种、第三种"威胁"，也可以说不能够算是做好了，但是，换过来说，如果他没有"做好"，又怎能够做到手中握有重权，或者能够有机会或有权力为自己牟取可观的利益呢？

第二、三种对领导的威胁而产生的高级职业经理人的高位出局，是一件大快人心的事，老板赶走人，自己却赢得了企业民心。

但是，第一种高位出局的状况是令大众费解的，老板赶走了人，还失去了民心，会大大挫伤了努力做事的下属的工作积极性，甚至还有可能出现，高位出局一人，带走一批人的局面，弄得企业发生"地震"。

所以，作为经理人，始终要明白的是，无论你才华怎样出众，无论你职位有多高，无论老板怎样信赖你，你还只是一个职业经理。资本说话的时代还没有过去，平台是别人的，暂时借给你发挥才干，千万别忘了背后有老板，背后有资本，资本是可以支配才干的。

公司"明线"+老板"隐线"就构成了企业完整的公司政治。纵观业界，每一个成功的经理人不仅能够游刃有余地把握"明线"，同样是富有智慧地把握住老板"隐线"，在"隐形底线"之上挥洒自己的才能。

有些老板可以容忍失败，但有难共担可能是其底线；

有些老板可以充分授权，但绝不容忍功高盖主。

业界许多著名的老板与经理反目成仇的案例，他们或因张狂或因强硬在无意中触及到了老板的底线，破坏了公司固有政治氛围的稳定，老板为顾全大局，就不得不痛下杀手。

链接:洞察老板的"领地"

老板的底线虽然属于"隐形的翅膀",但也不是完全无迹可寻。与洞察一个人的品格与为人一样,在探寻老板的底线同样需要深入的洞察与分析,并可以通过以下三方面的观察入手:

从身边人观察法:近朱者赤,近墨者黑。以老板身边人为镜可以知老板。仔细观察老板身边最亲近、最信任的人其作风、处事风格、往往可以从中判断出老板的价值观与底线何在。

小细节观察法:任何一个再谨慎小心、再善于表演的人都会有露出真性情的时候。当老板在激动、狂喜或悲伤之时,其所表现出来喜好与所阐述的言语,往往代表着其内心真实或部分真实的想法,而这也是经理人把握其心理底线的有效途径。

企业老员工沟通法:在许多成立时间长的企业中,必然有许多老员工,无论是职位高低,他们无形中已经成为企业文化最好的载体,他们对公司政治的把握、对老板喜好的观察往往非常到位,而这也是经理人了解老板底线的最准确信息来源。

作为职业经理人,与老板相处其实就如与朋友相处一样,要彼此和谐共同发展,必然要把握对方的喜好与底线,投其所好避其所忌,借助对方的支持使自己更顺利地实现目标。

做事就是做人,做企业的工作就是做一群人的工作,对人的把握是必需且必要的,尤其是对老板的把握——失去他的有效信任与资源支持,任何经理人都难以获得发展。而这其中最重要的前提就是,明确老板的隐形底线何在,让自己在工作中有意去回避,使彼此更加信任。从这个角度来讲,把握老板底线了解公司政治,应该成为每一名职业经理晋升路上的必修课。

从正面进攻扩大自己的"领地"

在团队合作中,不处理好"利益"分配问题,就犹如给自己的团队埋下了一颗隐形炸弹,随时将威胁到团队的稳定与进步。但是,在竞争中如何才能不威胁到团队伙伴的"领地",这是一个问题。

问题的重点在于:为了赢得"地盘",到底应该怎样把握分寸呢?不伤害团队合作的情况下,我们就应应该怎样扩大自己的职业优势,扩大自己的"领地"呢?

1. 把直接领导作为你的基地

刚工作没几年的人,往往会觉得自己的工作能力无可挑剔,也常常怀着美好的理想,那就是——要用自己的智慧创造公司的未来。

这样的心态就会让很多年轻人出现"越级汇报"的情况。

人人都会犯错误,不少成功人士也曾经犯过这样的错误,不过,成功的人犯过一个错误之后,会进行总结和反思,得到一个教训,而失败的人犯过错误之后,仅仅是记住了失败的尴尬。

那是李开复刚进入微软工作的头三年,他的新模式开发方案经过自我测试成功之后,他怀着无比喜悦和兴奋的心情给他的老板比尔·盖茨发了邮件。

大家可能会这样想象:对于一名刚进微软的青年员工就能够作出了不起的开发,这一定能使比尔·盖茨开始重视李开复。

事实证明，这个邮件让比尔·盖茨给李开复上了一节"职场规则课"。因为他回的邮件是："我没有时间看你的具体的东西，我建议你和你的直接领导沟通一下。"

看到这封毫无感情色彩的邮件，李开复意识到盖茨的做法是非常正确的，如果每个人都去找公司的老板，那么中层领导的设置不就是完全失去了意义吗？

从这个角度来说，"越级汇报"是职场大忌，想一想，每一个中层领导的任命都是大老板拍板的，无论一个人的能力如何，不认可自己的直接领导就等于间接质疑大老板的人事任命，在工作的头三年，无法自己创业之前，每个人都应该学会理解和学习这种科学的职场玩法。

张莉莉刚跳槽到一个大公司，就做了一个研发方案递交给她的直接领导李琼，但是过了三天，李琼都没有给她回信。张莉莉想来想去，觉得一定是李琼妒忌自己作出了这么好的方案，那么——李琼会不会利用自己的方案抢功呢？

想到这里，张莉莉立即去找大领导汇报了自己的方案，大领导微微一笑，提醒她注意和李琼的沟通。当张莉莉从大领导那里回来的时候，仿佛嗅到了办公室里别样的味道。

第二天，李琼找到了张莉莉，她很平静地说："莉莉，我一直等你来找我。因为你的方案是违背公司长远利益的，所以无法实施。"

张莉莉听了之后很不高兴，说："可是，大领导并没有反对我的方案。"

李琼镇定自若地说："我觉得你可以换个岗位，多了解一些情况，再做出更好的东西给我们，好吗？"

就当张莉莉还没有反应过来的时候，李琼已经为她安排了新的岗位。新的岗位让张莉莉彻底被架空了，她终日无所事事。一个星期之后，当她去找李琼表达对公司的不满时，李琼安安静静地倾听，然后说："莉莉，你对公司的意见我会考虑的。我不勉强你，希望你能找到更适合你的发展空间。"

一瞬间,张莉莉的简单抱怨演变成了离职祸根,于是,张莉莉在没有任何退路的情况下只好自动辞职。

越级汇报的人,往往是自恃有才的人,但是无论这类人多有才,越级汇报都会让他处在危险中,让我们想象一下同事们会怎么看待这件事情吧。他们会觉得越级的人是一个拍马屁的势利之人,而且拍马屁还嫌自己的直接上司不值得拍,居然拍到上司的上司那里去了,这不是明摆着给上司难堪吗?

所以,与其越级,不如把自己的直接领导作为自己的基地,因为个人的发展与前途还掌握在直接上司手里,他手上有很多小鞋,可以随时侍候着那些他看着不顺眼的下属。

2. 不争权、不抢功,不让上级有地盘威胁

如果不把职场政治庸俗化,职场政治和个人技能一样重要。所有的公司,无论小公司还是跨国集团,都是权力争夺的温床。这一点不会因为其中的某一个人对此的厌恶而改变。若想赢得一个满意的职场生涯,仅有个人技能是不够的,正确应对"办公室政治"才是正道。

其中,重要的一条一定要记住,那就是不与领导争功。因为争,也没人能争得过自己的上司,毕竟上司再没有本事,他也有本事在他要下台的时候给他讨厌的人设置障碍。争功是职场的正常现象,就算是被领导争了功,也应该用一个平静的心态去对待,最好的办法就是以退为进,把功劳和权力交给领导。

柳俊年纪轻轻,但是工作能力很强,不到一年的时间,他就得到了很快的发展,领导也非常看好他。

有一次,他独立完成了一个非常好的项目,开会的时候,大家就向他学习经验。柳俊高兴地说:"这件事情其实是我已经酝酿了一两个月

的时间才提出的方案,常常夜里还在思考。经过仔细计划之后我才打的报告,执行的时候全力以赴,所以才会有这么好的结果。"

听了这些话之后,领导汤总监觉得完全没有面子,他的面子都被柳俊抢了。于是就站起来说:"这个结果实际上并不如你当时给我呈现的计划那样好,原本可以做得比现在好。虽然你已经尽心尽力,但是我觉得还是不如意。"

领导的话让柳俊非常吃惊,回家后,就和父亲谈起了这件事情。父亲退休前是多年的领导干部,一听完,就告诉柳俊,他错在哪里。原来柳俊的那一番发言,抢了领导的功劳。有的功劳,让来让去,大家都有功劳;抢来抢去,大家都没有功劳。

而且,父亲还语重心长地说:"不要认为在开会时,提一下领导的帮助只是客套话,实际上,没有领导的信任,你的项目就无法展开。"

果然,一次偶然的机会,开会又提到了这个项目,柳俊再次发言的时候,就非常有分寸。他说:"这件事情都是在汤总监的高明指导之下,我勉强去做的,做得不好请大家指教。"

当时,汤总监就站起来说:"做得很好。没什么不好,我只是偶尔作了一些指导。"

所以,和他人一起面对功劳的时候,你让他让,大家都有光彩;你争他争,谁都没有用。抢来抢去,谁都落空;让来让去,谁都有面子。你抢他的功劳,他就知道你是准备挖他的墙脚了,那他就会反感。你把功劳让给他,他自然反过来会照顾你。

当然,对于让功的事,让功者本人是不适合宣传的。自我宣传总有些邀功请赏、不尊重领导的味道。而且,如果频繁被领导抢功说明你已经成为干将。领导抢你的功,意味着只要一有机会,他就会设法还给你这笔人情债,更重要的是给你作为将来开路的资源。也许,因此你就有了新的机会。

3. 培养"乐群性",享受"团体作战"

"团队",这同样是一个让很多职场人头疼的词。很多人强调,人应该多发挥自己的作用,不要被团队的大帽子压住自己的发展。实际上,每个人都有自己的风格,但仔细想一想,那些属于个人的特立独行的风格就一定是好的吗?

新东方校长俞敏洪曾经讲过这样的一个故事,那就是他小的时候,家里很穷,有一次他得到两颗水果糖,这两颗糖对当时的他来说无比珍贵。可是这时来了两个小伙伴,俞敏洪把糖剥开给了他们两个,而他自己则舔糖纸。

这种分享思想的来由是基于俞敏洪小时候身体比较弱,怕被别的小朋友欺负,所以他通过这种"讨好"的方式向大家表示自己的友好。当然,这种方法让他长大后更加意识到了朋友的重要性,团队的重要性。

他曾经这样讲述他的心得:如果你是在团体里工作,你就必须遵守在一个团体里做人的道理。因为人是群体性的动物,所以必须学会在人群中生活。不管你的个性多么古怪,只要你选择了在办公室上班,在一群人中间工作,你人际关系的好坏就决定了你在一个地方是否有地位和威望。

这就给职场人提供了这样的一个提示,那就是做一个"乐群族",俞敏洪还有一个"分苹果理论",强调"乐群性"的重要性。

他说:"你有六个苹果,你留下一个,把另外五个给别人吃。当你给别人吃的时候,你并不知道别人能还给你什么,但是你一定要给。因为别人吃了你的那个苹果以后,当他有了橘子,一定会给你一个,因为他记得你曾经给过他一个苹果。最后,你得到的水果总量可能不会增加,还是六个水果,但是你生命的丰富性却成倍增加。你看到了六种不同颜色的水果，尝到了六种不同的味道，更重要的是你学会了在六个人之间进行人与人最重要的精神、思想、物质的交换。这种交换能力一旦确立，你在这个世界上就会不断得到别人的帮助。"

事实上，俞敏洪也的确这么做的。他的朋友徐小平、王强等人回国之初，创业资金紧张，俞敏洪慷慨解囊，予以资助，并没有要求什么回报。而徐小平等人感动于俞敏洪的这种帮助，在发展自己业务的同时，也自觉提升新东方的品牌力。例如，徐小平就义务负责起了新东方的出国移民咨询，这是一项新东方提供给学员的免费咨询服务，有效地提高了新东方的整体竞争力。

职场同样如此，有的人感觉自己"不合群"，不会搞关系，那么下面的案例就非常有代表性。

焦蓝毕业于清华大学，他在单位中比较孤立，大家看到他不苟言笑，轻易地也就不和他说话了。以至于有一次单位活动，大家差点把他给忘记了。

他不想让自己永远这样，于是，他找到自己的一个朋友，说出了自己的困惑："我不是不友善，但是同事们可能觉得我不好相处，都不怎么接触我；我也并不是高傲，只是不好意思主动找人说话。"

朋友笑了笑，说："你看，为什么你愿意和我说这些？你可能会说因为我们都是校友，比较了解。可是，你在单位为什么会沉默呢？如果你敢面对你的内心，还有一个可能是你觉得没什么问题需要和同事请教。因为你头上毕竟顶着清华的光环。"

焦蓝说："那同事们可以主动找我呀，我也并不拒人于千里之外呀！"

好友认真地说："就是因为你毕业于名校，你不主动找大家，大家更不会主动接近你。你说你因为不好意思，但别人也许会认为你是骨子里的清高。所以，只要你主动地找大家沟通，哪怕仅仅是聊聊天气。你就会越来越受欢迎的！"

听完朋友的话，焦蓝终于释然了，他感觉内心的那种郁闷终于烟消云散了。之后,他按照朋友说的做了,不到一星期,他在公司里就有了一个"平易近人"的好口碑。

4. 付出信任,把后背的"地盘"交给同事

当今职场,你对同事有足够的信任吗?当然,同事之间涉及利益之争的时候,大家都会为了自己而谋划,但是共同面对困难的时候,你还是应该信任别人,只有这样对方才能对你无条件信任。不相信同事的人,自己在工作中也会变得疑神疑鬼,疲劳不堪。同事之间的关系有时候就像战友,只有放心把自己的后背交给同伴,才能直面敌人的进攻。如果你不放心背后的战友,只要你稍微一回头,你就可能被干掉!

一个人做人做事的最终成功,一定不会只是个人的"单打独斗"。你先对别人有诚信,大部分人也才会对你有诚信。就算你有时候被别人骗了,也不能因此就丢掉诚信,否则你就会失去自己成功和幸福的根基。

晓荷刚进公司实习。不久,有一次公司组织活动,大家做了这样的一个游戏,那就是选择一个人站在高台上,背向同事,然后倒下,倒在同事的手臂中。这个游戏的目的是让人相信自己的同事,相信他们是自己的依靠。

这个活动开始的时候,没有人第一个站出来,因为在大家的眼里,后背是最容易遭暗算的地方——因为你看不到它。

但是晓荷站了出来,虽然她的心里也非常紧张,但是她还是没有犹豫,也没有窥视别人。晓荷懂得当自己窥视别人的时候,别人也可能在窥视自己。即便不是自己的队友,也可能是自己的老板。

于是,晓荷毫不犹豫地倒了下去,同事们牢牢地把她托了起来,平稳"着陆"。经过这次活动之后,晓荷成了同事中最受欢迎的人,并且是实习生中第一个转正的员工。

每个人在职场中都是透明的。如果你觉得身边的人不可托付,那么反过来他们也会觉得你不可托付。如果你很坦然地放心你的后背,那么恭喜你,你迟早会是作老板的料,你的职场路也会越走越宽。因为一个人之所以能放心自己的后背,要么是因为他心胸坦荡,要么是因为他背后有一群值得托付的人。不论哪一条,此人都将很成功,前途无量。

TIPS 格子间——我的地盘,我做主!

憨态可掬的泰迪熊、睿智机敏的阿童木、粉红色彩的Hellokitty,还有智力拼图和魔方……这里可不是玩具房,而是地地道道的办公室。在这里,玩具对于员工可有着非同寻常的意义。在韩国、日本的一些企业,会不定期举办一些办公桌布置创意比赛,让员工们发挥自己的想象力,把自己的办公桌装扮得妙趣横生、温馨而富有创造力。

想要快乐工作? 不妨来一场办公桌上的"玩具总动员"吧。

智能型:典型代表——数独

数独,一种古老数字谜题游戏,正快速地在白领中流行起来。数独游戏的迷人之处在于它的规则十分简单,而它的解答却是很难。数独题按难易程度来分,可以分为极易、容易、中等、困难和极难等五类题型。

入门玩法:在一个九乘九的方格中,其中大部分都是空的,玩家必须用1~9九个数字把所有的空格填完,保证每行、每列和每个三元格中的数字都是1~9,不能有重复。想解开极易级的数独,第一次大概需要耗时30分钟,但会随着你做的题越来越多且越做越顺,到后来只需花费10分钟,甚至更快就能完成。但到了"极难级"的数独时,你就会很难想象这些题目有多难。

数独强调的是良好的分析能力和判断能力,同时还需要你用心去观察,这样你才可能得到最后的答案。对成年人而言,数独的功劳是训练他们的判断力和反应能力,并由此提高对事物的分析和解决能力。只要印出一张小小的卡片,就可以带着数独到处玩。既不占地方,又随时可以开始并随时休息。

玩家体验:

数到深处,人孤独——数独,这个名字听起来似乎染上了都市人的孤独症。在这个意义上,数独是残忍的,玩它的时候,你会全神贯注,会忘记生活中的一切,但是当你填上最后一个数字,屏幕上打出完成的时候,周围弥漫的孤单又会围绕在你的身边。这时的你只有两个选择,或者在清醒中继续忍受孤单,或者在数独中继续沉溺下去,直到筋疲力尽,你会选择哪一个?

数字是不会孤独的,会孤独的只有……人。

发泄型:典型代表——暴力熊

暴力熊也叫血粉熊,原型是日本漫画《爱丽丝学院》里面的那个眼睛打叉叉的熊。暴力熊的由来是这样的:有一个小男孩在回家路上发现空地上有一个小纸箱,里面放了一只粉红色被遗弃的婴儿熊。男孩把它带回家了,从此小男孩几乎每天都和它一起生活,看书、玩乐。但是,万万没想到,暴力熊逐渐显现出它的本性。长出爪子之后的它没事就常常会把主人——小男孩抓起来打,或是拿起来摔……此熊性格小奸小恶,欺负和捉弄主人,有一双锐利无比的熊爪,方便"行凶"。

玩家体验:有时我们也像暴力熊,我并不喜欢那些善良可爱的传统熊,因为它们离现实生活太远,反而这只带有人类复杂性格的暴力熊,更容易引起我的共鸣。很多时候觉得我们自己就像暴力熊一样,被生活磨成熊一样温顺的外表下,却是一张张各不相同的丑陋的脸。

收藏型:典型代表——再生侠玩偶系列

1992年,麦克法兰创作出了漫画惊世名作——《再生侠》,一经推出便轰动了美国乃至世界。1994年,麦克法兰创办了玩具公司,经过一番努力,《再生侠》及公司其他玩具系列已成为世界上最著名的玩具品牌之一,其逼真而极富想像力的创意与造型,为公司捧回了无数的工业大奖,销售数字更以惊人的速度增长。

麦克法兰曾说过两句话,这两句话凝聚了他对作品的创造思维和灵魂理念:"我希望自己被人记住,虽然我只是一个销售漫画和玩具的家伙,每个人所做的事情都有所不同,成功不是轻易可以得到的,但最重要的是,我总是为了创作而去创造权利,有了创造的权利,我才能更好地战斗。".

玩家体验:玩具也是一种收藏,朋友家有几面墙都摆放着玩具,其中很大部分是再生侠,很多酷爱漫画的朋友都喜欢再生侠。因为朋友欣赏麦克法兰的真实、独立,他从来没为了出售而去制造产品。

搞笑型:典型代表——各种节日搞怪面具、整人玩具等

职场竞争激烈,谁不希望"笑一笑,十年少"呢,可让自己开心也是件奢侈的事情。周星驰的无厘头电影和胡戈的恶搞剧受到追捧,可见"恶搞"的魅力。

想想看,办公室里,你是否遭遇过这些玩具的恶搞呢?

整人红包:看似红包,你可以把它放在桌上或沙发上故意让人捡到,打开就会发现红包会跳动并有拍打的声音,开个玩笑,朋友间可不要介意!

咬人大白鲨:伸手在大白鲨牙齿上轻轻一按,千万要小心别碰着是开关的一颗牙齿,按到他会把你的手咬住。

放屁坐垫:坐下去就发出放屁的声音,小心出洋相哦……

玩家体验:为了触到大家的笑点,我经常在办公室里放一些新奇的搞笑玩具。格子间里本来很沉闷,突然一个新玩具触到了大家的笑点,大家都笑得前仰后合,连我们严肃的经理也时常参与我们的搞笑游戏中。正是这些搞笑玩具,给我们带来了久违的轻松与快乐。

近年来,心理学研究发现,现实生活中很多物品都能影响心理活动。一张整洁的办公桌能让员工"心无杂念"地专心工作,但一张摆满色

彩缤纷的办公用品的办公桌,则更能激发员工的创造力和工作激情,并且提高工作效率。

愉悦情绪提高士气

谷歌的创始人拉里·佩奇和塞吉·布林的办公桌上常常堆放很多拼装儿童玩具,而像台球及各种智力测试玩具,更是遍布公司的每个角落,很多职员办公桌上摆放的卡通玩具,甚至会让人感觉像是走进了玩具店。而办公室玩具为谷歌员工带来的快乐和满足,是不可低估的。很多员工,比如程序员,需要整日面对电脑,工作内容单调乏味。而闲暇时摆弄一下玩具,可以让他们重拾童年乐趣。另外,与同事分享玩具,更可以促进彼此的交流,有利于同事之间的和谐共处。因此,办公室玩具有助于创造轻松愉快的工作氛围,士气自然就提升许多。

创造灵感　激发士气

如果说一件物品会影响人们的想法和行为,你一定会感到很吃惊。然而,近来心理学研究确实发现,现实生活中很多物品都能影响心理活动。办公室玩具身上通常蕴含着丰富的创意元素,极易激发工作的灵感,点燃创作的火花,让你做出更漂亮的设计、拿出更奇妙的策划。在媒体、广告等行业中,创意直接决定了员工的成就和工作兴趣,当有了成就和兴趣,还担心员工的工作士气不高吗?

压力小　士气高

国外一些公司专门建造了玩具房。玩具房里除布置有飞镖、篮球等运动器械外,还有沙包、充气人等玩具供员工踢打、发泄。很多员工声称在这里找到了宣泄情绪和缓解压力的方式。我们都需要给不良情绪找一个出路,然后才能干劲十足地投入到工作中,那些供运动和宣泄用的办公室玩具,恰恰为我们提供了这样一条途径。

在现代社会中,成人工作的压力很大,他们需要借助某种形式把压力发泄出来,而玩玩具是一种不错的放松方式。都市里成年人玩玩具渐渐成为新潮,而是成为了一种被越来越多的人接受的风尚,变得习以为常。

如果你在公司混得不是太差，你还有资格在自己的办公桌上放上一个小摆设、小玩具的话，那就不妨在桌上摆弄摆弄换个心情吧！

如果你不知道怎么"处理"隔壁的臭脸同事，那就不妨在桌上放个杀手级小物，让路过男女都忍不住尖叫吧。

你还再等什么，赶快动手打造一片属于自己的地盘吧！

第七章

让仰视反应为你升职加薪

　　进化积累的本能,使得人会仰视比自己高大的对象,蔑视比自己矮小的对象;

　　反之,人也会本能地尽量抬高自己的身体以建立优势,更会在处于劣势的时候,把自己的身体下意识放低。

　　所以,观察一个人的体态高低,可以判断出其内心的自我定位;这也是对对方能力高低、地位差异、胜败预测、优劣定位……的综合评价。

　　仰视反应更多的表现在弱势群体与强势群体的博弈之中。

　　既然是博弈,自然会有失也有得。

　　那么,如何让仰视反应从正面散发能量助你在职场一帆风顺?又如何巧妙地利用仰视反应促进你升职加薪的速度?

　　本章将为你详细解读。

从坐姿、站姿、走姿解读仰视反应

1. 真自信还是假自大——看你的坐姿

测试

A.坐的时候双脚会碰撞或者抖动。

B.坐下便叉开双脚,但脚踝又维持很近。

C.经常跷脚坐。

分析:

选择A:

很明显你在此刻内心很不平静,可能正在计划着什么。这是一种不自觉的行为,很多人会在问题发生后下意识有类似的表现。不过,假如是没有任何特别令人费神的情况出现,却还有这种动作,则说明这个人脾气比较暴躁、易发怒,做事也缺乏耐性。

选择B:

这种坐姿多数是身体较肥胖的人,可能真的与体重有关,而且更是男性居多。如果有女性是这样,则格外不雅。这种坐姿的男士较具男子气概,而且还有一定的社会地位。在一般谈话过程中采用这种姿势,很容易令人产生一种优越感,倘若再加一点勇气与果断,会使这类性格的人变得更加坚持,并不会轻易改变自己的决定。

选择C:

你是一个很守规矩的人,自我要求很高,相对的,对别人也不会放松,你喜欢自我约束力高的人,个性散漫的人是无法和你很好相处的。

A:从坐姿窥探人的性格趋向

在日常生活中,仔细地观察,就会发现人们的坐姿各具特色:有的人喜欢跷着二郎腿,有的人喜欢双腿并拢,有的人喜欢双脚交叠⋯⋯每一种坐的方式,似乎都是无意的,而就从这貌似随意中,可以解读每种姿势透露出的不同性格和心理状态。

1)古板挑剔型的坐姿

坐着时两腿及两脚跟并拢靠在一起,双手交叉放于大腿两侧的人为人古板,从不愿接受他人的意见,有时候明知别人说的是对的,他们仍然不肯低下自己的脑袋。

他们明显缺乏耐心,哪怕只有几分钟的会面,他们也时常显得极度厌烦,甚至反感。

这种人凡事都想做得尽善尽美,干的却又是一些可望而不可即的事情。

2)聪明自信型的坐姿

这种人通常将左腿交叠在右腿上,双手交叉放在腿跟儿两侧。他们具有较强的自信心,特别坚信自己对某件事情的看法。如果他们与别人发生争论,可能他们并没有在意与别人争论的观点的内容。

他们天资聪明,总是能想尽一切办法并尽自己的最大努力去实现自己的梦想。虽然也有"胜不骄,败不馁"的品性,但当他们完全沉浸在幸福之中时,也会有些得意忘形。这种人的协调能力也很强,在圈子里总是充当着领导的角色。不过这种人有一个不好的习性,喜欢见异思迁,常常"这山看着那山高"。

3)谦逊温柔型的坐姿

温顺型的人坐着时喜欢将两腿和两脚跟紧紧地并拢,两手放于两膝盖上,端端正正。这种人一般性格内向,为人谦虚,对于自己的情感世界很封闭。但他们常常喜欢替他人着想,他们的很多朋友对此总是感动不已。正因为如此,他们虽然性格内向,但他们的朋友却不少,因为大家尊重他们的为人,此所谓"你敬别人一尺,别人敬你一丈"。

4)坚毅果断型的坐姿

这类人喜欢将大腿分开,两脚跟儿并拢,两手习惯于放在肚脐部位。这种人有勇气,也有决断力。他们一旦考虑了某件事情,就会立即去采取行动。

5)放荡不羁型的坐姿

有的人坐着时常常将两腿分开距离较宽,两手没有固定的放处,这是一种开放的姿势。这种人喜欢追求新意,偶尔成为引导都市消费潮流的"先驱",他们对普通人做的事不会满足,总是想做一些别人不能做的事,或者不如说他们喜欢标新立异更为确切。

6)腼腆羞怯型的坐姿

把两膝盖并在一起,小腿随着脚跟分开呈一个"八"字样,两手掌相对,放于两膝盖中间,这种人特别害羞,是典型的保守派。不过他们对朋友的感情是相当诚恳的,每当别人有求于他们的时候,只需打个电话他们就会效劳。

7)悠闲随和型的坐姿

这种人半躺而坐,双手抱于脑后,一看就是一副怡然自得的样子。这种人性情温和,充满朝气,干任何职业好像都能得心应手,加之他们很有毅力,往往都能取得某种程度的成功。这种人喜欢学习但不求甚解,可能他们要求的仅是"学习"而已。

他们的另一个特点是积极热情、挥金如土。以至于他们时常不得不承受因处理钱财的鲁莽和不谨慎带来的后果,尽管他们挣的钱不少。这种人的雄辩能力都很强,但他们并不是在任何场合都会表现自己,这完全取决于他们当时面对的对象。

总之,和周围的人在一起时,我们应学会从一个人的坐姿判断出他是什么类型的人。

B：开会坐姿潜台词——想要被仰视,先改坐姿

坐姿传递出来的讯号,就好比你职场性格的潜台词。下一个升职的机会会是你的吗？下一个培训人选会锁定在你身上吗？

赶快来检查一下你的开会坐姿吧,看看你是那个"被仰视"的人,还是属于"仰视别人"的人？

一条腿勾着另一条腿:你为人谨慎,不够自信,做事有些犹豫不决。不过你对分寸的把握度还不错,所以你能够让大家正确地评价你,并喜欢你。

双脚向前,脚踝部交叉:你喜欢发号施令,天生有嫉妒心理。说老实话,你可能是个不太好相处的人。研究表明,这还是控制紧张情绪和恐惧心理的表现,是很有防御意识的典型坐姿。

敞开手脚而坐:你可能具有主管一切的偏好,有指挥者的气质或支配欲的性格,有时有点儿不知天高地厚。如果是职场新人,这种坐姿代表缺乏丰富的生活经验,所以经常表现得自以为是。

双手交叉抱在胸前:你不自觉流露了防御和紧张的信息,让人觉得不能交托重任。为了让老板安心,你要学着把双手自然放下,上身可以微微向前倾。

求和本能让女性在职场上不够强势,换句话说,就是不够自信,畏畏缩缩,常让老板觉得她可以打工,却不能担当大任。所以想要升职加薪,除了行事风格需要更加果断,你还得试着从坐姿上改变自己,给人留下从容不迫、一切尽在掌握的第一印象。

以下,就为你详解哪些典型的女性坐姿不利于职场发展,又需如何修正。

错误坐姿1——会议桌前"缩小"自己

女性容易犯的小错误:把手臂和腿都自然收拢并且靠椅背坐,这样你看起来会显得小巧。很多职场女性都会下意识地这么坐,因为这看起来能显得富有女人味。然而当和一众男士一起讨论时,这种坐姿就会透露出一种"我愿服从"的信号,男士们势必有更充分的空间来展现他们

的思想。

正确的坐姿：把整个人挺起来，保持腰部的笔直，身体微微前倾——这是你想要参与的身体讯号。

错误坐姿2——弯曲交叉手臂

女性容易犯的小错误：站着或坐着时，一侧的手抓住另一侧的手臂（肱二头肌的位置），这说明你对在会上提出的观点没有底气，甚至带着怀疑和不确定的态度，只有依靠这种暂时的动作让自己觉得安心和轻松。如果你的老板一直对你不够信任，没准就是因为你的动作暴露了不自信和患得患失。

正确的坐姿：双臂交叉虽然没什么不好，但是我们建议交叉的幅度不要超过60度，这个角度不会让你感到辛苦，同时又显得自信满满。

错误坐姿3——坐在椅子的前1/3处

女性容易犯的小错误：坐在椅子的前1/3处，觉得这样坐很优雅？不不不，这个坐姿表明了你的极度不自信，或是缺乏工作经验，资深人士一眼就能看出你的职场"新鲜度"。

正确的坐姿：上半身坐直，坐在椅子的3/4位置。避免完全后仰或完全靠在椅背上，因为这样一来，当你想要陈述某个观点或表现对某个方案的兴趣时，再次挪动位置或起身会不那么方便。千万记住，你得给自己创造随时表现自我的灵活度。

链接：优雅女人的坐姿修养

优雅的坐姿传递着自信、友好、热情的信息，同时也显示出高雅庄重的良好风范。我们经常会见到一些不雅坐法，比如两腿叉开，腿在地上抖个不停，而且腿还跷得很高，让人实在不敢恭维。

女士应在站立的姿态上，后腿能够碰到椅子，轻轻坐下来，两个膝盖一定要并起来,腿可以放中间或放两边。

如果想跷腿,两腿需是合并的,假如穿的裙子较短时一定要小心盖住。特别是一些经常走动工作或要上高台坐下的女士,都不适合穿太短的裙子,并且不能两腿分开。男士坐的时候膝部可以分开一点,但不要超过肩宽,也不能两腿叉开,半躺在椅子里。

1.入座时的基本要求

1)在别人之后入座。出于礼貌,和客人一起入座或同时入座时,要分清尊卑,先请对方入座,自己不要抢先入座。

2)从座位左侧入座。如果条件允许,在就坐时最好从座椅的左侧接近它。这样做,是一种礼貌,而且也容易就坐。

3)向周围的人致意。就坐时,如果附近坐着熟人,应该主动打招呼。即使不认识,也应该先点点头。在公共场合,要想坐在别人身旁,还必须征得对方的允许。还要放轻动作,不要使座椅乱响。

4)以背部接近座椅。在别人面前就坐,最好背对着自己的座椅,这样就不至于背对着对方。得体的做法是:先侧身走近座椅,背对着站立,右腿后退一点,以小腿确认一下座椅的位置,然后随势坐下。必要时,用一只手扶着座椅的把手。

2.离座的要求

在离座时,要注意的五点:

1)事先说明。离开座椅时,身边如果有人在座,应该用语言或动作向对方先示意,随后再站起身来。

2)注意先后。和别人同时离座,要注意起身的先后次序。地位低于对方的,应该稍后离座。地位高于对方时,可以首先离座。双方身份相似时,可以同时起身离座。

3)起身缓慢。起身离座时,最好动作轻缓,不要"拖泥带水",弄响座椅,或将椅垫、椅罩弄得掉在地上。

4)从左离开。坐起身后,应该从左侧离座。

3.下肢怎样摆放

入座后,下肢大都落入别人的视野内。不管是从文明礼貌还是从坐得舒适的角度来讲,坐好后下肢的摆放,应多加注意。

1)"正襟危坐"式。适用于最正规的场合。要求是:上身和大腿、大腿和小腿,都应当形成直角,小腿垂直于地面。双膝、双脚包括两脚的跟部,都要完全并拢。

2)垂腿开膝式。它多为男性所用,也比较正规。主要要求是上身和大腿、大腿和小腿都成直角,小腿垂直于地面。双膝允许分开,分的幅度不要超过肩宽。

3)前伸后曲式。是女性适用的一种坐姿。主要要求是:大腿并紧后,向前伸出一条腿,并将另一条腿屈后,两脚脚掌着地,双脚前后要保持在一条直线上。

4)双脚内收式。它适合在一般场合采用,男女都适合。主要要求是:两条大腿首先并拢,双膝可以略为打开,两条小腿可以在稍许分开后向内侧屈,双脚脚掌着地。

5)双腿叠放式。适合穿短裙的女士采用。要求是:将双腿一上一下交叠在一起,交叠后的两腿间没有任何缝隙,犹如一条直线。双脚斜放在左右一侧。斜放后的腿部与地面呈45度角,叠放在的脚尖垂向地面。

6)双腿斜放式。它适合于穿裙子的女士在较低的位置就坐时所用。要求:双腿首先并拢,然后双脚向左或向右侧斜放,力求使斜放后的腿部与地面呈45度角。

7)双脚交叉式。它适用于各种场合,男女都可选用。双膝先要并拢,然后双脚在踝部交叉。需要注意的是,交叉后的双脚可以内收,也可以斜放,但不要向前方远远地直伸出去。

4.上身的姿势

坐好后,上身的姿势也很重要。

1)注意头部位置的端正。不要出现仰头、低头、歪头、扭头等情况。整个头部看上去,应当如同一条直线一样,和地面相垂直。在办公时可以低头俯看桌上的文件、物品,但在回答别人问题时,必须抬起头来,不然就带有爱理不理的意思。在和别人交谈的时候,可以面向正前方,或者面部侧向对方,不可以把后脑勺对着对方。

2)注意身体直立。坐好后,身体也要注意端端正正。需要注意的地方有:

一是椅背的倚靠。倚靠主要用以休息。所以因工作需要而就坐时,不应当把上身完全倚靠着座椅的背部,最好一点都不倚靠。

二是椅面的占用。在尊长面前,最好不要坐满椅面。坐好后占椅面的3/4左右,最合乎礼节。

三是身体的朝向。交谈的时候,为表示重视,不仅应面向对方,而且同时应将整个上身朝向对方。

3)注意手臂的摆放。入座后放手臂的正确位置主要有五种:

一是放在两条大腿上。双手各自扶在一条大腿上,也可以双手叠放后放在两条大腿上,或者双手相握后放在两条大腿上。

二是放在一条大腿上。侧身和人交谈时,通常要将双手叠放或相握地放在自己所侧一方的那条大腿上。

三是放在皮包文件上。当穿短裙的女士面对男士而坐,身前又没有屏障时,为避免"走光",可以把自己随身的皮包或文件放在并拢的大腿上。随后,就可以把双手或扶、或叠、或握着放在上面。

四是放在身前桌子上。把双手平扶在桌子边沿,或是双手相握置于桌上,都是可行的。有时,也可以把双手叠放在桌上。

五是放在椅子扶手上。当正身而坐,要把双手分扶在两侧扶手上。当侧身而坐,要把双手叠放或相握后,放在侧身一侧的扶手上。

5.不同情况下的坐姿

1)在比较轻松、随便的场合,可以坐得比较舒展、自由。

2)谈话,谈判、会谈时,场合一般比较严肃、适合正襟危坐。要求上体正直,臀部落座在椅子的中部,双手放在桌上、或将一只手放在椅扶上都行。脚可以并着放,也可以并膝稍分小腿或并膝小腿前后相错、左右相披。

3)女士在社交场合,为了使坐姿更优美,可以采用略侧向的坐法,头和身子朝向对方,双膝并拢,两脚相并、相披、一前一后都可以。在落座时,应把裙子向腿下理好、披好,以免不雅。

4)倾听他人教导、指示时,对方是尊者、贵客,坐姿除了要端正外,还应坐在椅座的前半部或边缘,身体稍向前倾,对对方表现出一种积极、重视的态度。

2. 真有把握还是虚张声势——看你的站姿

测试

A.手自然垂下,很累的站着。

B.一直看着来车,不停抖着站着。

C.两手交叉胸前,脚一前一后的站着。

D.双手互握,自然地垂在腿部或是臀部的部位。

解析

1)手自然垂下,很累的站着。

遇到瓶颈时,你第一个想让人知道的是,你现在做得很累(天晓得这是不是真的),对于没尝试过的东西,而被委以大任时,你经常的态度,就是想要逃避(可是又常逃不掉!),所以只好装得很累的样子,来逃避责任。

2)一直看着来车,不停抖着站着。

对于瓶颈,你采取随机应变的方式,就是瓶颈并不是最严重的,最严重的是长官对你的观感,所以当有长官看时,你就会装得很努力研究的样子,没有人看到时,就开始打混得过且过,是十足十的做戏高手。

3)两手交叉胸前,脚一前一后的站着。

当老板给你一个高难度的任务时,你的第一个动作,就是"摆烂",表明我就是不会做,如果你要逼我,就是在虐待。不然就是做了,老是摆出很不甘愿的样子,如果遇到胆小的老板那还可以,如果是霸王型的,可是要回家吃自己了!

4)双手互握,自然地垂在腿部或是臀部的部位。

这种人是遇到瓶颈时,最手足无措型的人,遇到事情,他们常会以为是自己的经验少,才会连累到大家,所以一股脑的会将责任往自己的身上揽,每天搞到三更半夜(也不见得一定搞出好名堂来!),其实你要学着以平常心来平衡一切,慢慢理出头绪,这样做事才会有效率。

A:透过站姿判断他人

这些站姿代表的,其实并不仅仅是一个姿势,它还能反映出一个人的性格以及对他人的看法。

在人类的进化史上,从类人猿进化到人的重要标志之一就是直立行走,直立行走让人解放了双手,从而能够制造和使用工具,推动人类向更高的阶段发展。在漫长的发展过程中,人类站立的姿势逐渐正规,形成了几种不同的站姿,这些站姿代表的,其实并不仅仅是一个姿势,它还能反映出一个人的性格以及对他人的看法。

1)代表自信的站姿

一个充满自信的人站立的姿势是这样的:背脊挺直、胸部挺起、双目平视,给人一种豁达乐观、器宇轩昂、高瞻远瞩的感觉。脊背挺直是告诉外界自己有强健的体魄,任何困难都压不倒自己;胸部挺起,是告诉外界自己充满了信心,做好了挺身而出的准备;双目平视,是告诉外界自己的理想在远处的地平线,就算是前面有暴风骤雨,自己也会风雨兼程。自信的人性格开朗、落落大方、心胸豁达,是结交朋友的不错选择。

2)代表随和的站姿

一个性格随和的人，站姿也是随和的，他们经常双脚自然站立，左脚在前，左手习惯放在裤兜里。这种人的人际关系较为协调，平常嘻嘻哈哈，厌恶钩心斗角，他们从来不把给别人出难题当作一种乐趣。同时，当他们遇到别人给出的难题时，总会想办法合理地解决，或者干脆再把问题推回去，所以，这种人是可以信赖的。

需要注意的是，性格随和并不代表着软弱可欺，无伤大雅地开他们的玩笑，他们会一笑了之，但如果不小心触动了他们内心最深处的东西，他们照样会大发光火，长久压抑在心底的怒气一旦发作起来，威力不可小觑。

3)代表无所谓的站姿

我们在和对方交谈的时候，对方双手交叠放在自己的前面，眼睛看着我们，脸上带着微笑，我们一定会以为自己的话语打动了对方，但实际上根本就不是那么回事儿！对方这种站姿，说明对方根本就没有在意我们说的话，只不过出于礼貌在敷衍而已。不信，有一个很简单的办法可以验证：请对方做出一个重要的决定，他会说："哦，现在？对不起，我要和我的合伙人商量一下！"

4)代表另类的站姿

人的性格多种多样，有一种人的性格特别另类，这种人具有强烈的自我表现欲望。在公共场合，他们特别愿意成为大家实现的焦点，为了实现这一目标，他们甚至不惜做出一些过火的举动来，这样的人在社交场合看似如鱼得水，但实际上真正的朋友并不多，更多的时候，别人是在和他逢场作戏。要发现这种性格另类的人并不困难，除了衣着、发型、言谈举止等与众不同外，他的站姿也和别人有很大的区别：双脚自然站立，每隔一段时间，就习惯性地抖动一下双腿，双手十指相扣在腹前，大拇指相互来回搓动。

5)代表萎靡的站姿

人总有遇到困难和挫折的时候，前途的不顺利会导致人的精神状态萎靡不振，这是可以理解的，但是我们必须尽快从这种萎靡中解脱出来,鼓起勇气,去迎接新的挑战。如果我们在困难挫折面前只会怨天尤人,那么我们将陷进萎靡颓废的深渊里去。

长时间的萎靡颓废,会让人形成弯腰驼背的站姿,整个人的腰是弯曲的,这是由于内心的消沉和封闭造成的。一旦有一天他走出了这种萎靡的状态,连他自己都不会想到自己弯了很长时间的腰会一下挺直起来。

当我们面对着一个弯腰驼背、唯唯诺诺的人的时候,我们的交流方式要更加细心、温和,要通过精心设计的交谈进入他封闭的内心世界,要通过温和的话语鼓励对方摆脱消沉, 只有对方走出了这种萎靡的精神状态,我们和对方的合作才有可能变得有效而真诚。

6)代表愤怒的站姿

一个人愤怒的时候,他的身体会朝前倾,脖子也会朝前伸出去,恨不得把自己面孔所有细微的变化都让对方看个清清楚楚。这个时候,他的怒火已经积蓄到了一定的程度, 只需要一个火星, 他就可以暴跳起来。如果这时他的双拳紧握,手臂微微发抖的话,那么一场肢体冲突就难以避免了。

有的人愤怒的时候表情也许不会变化这么强烈,他可能会双手交叉抱于胸前,两脚平行站立,你不要以为这是一种平和的表现,实际上对方这种站姿具有强烈的挑战和攻击意识。这种人本性里就带着好勇斗狠的基因,他们更喜欢体会击败对方带来的快感。

7)代表呆板的站姿

性格呆板,站姿同样会不自然,这种人的站姿通常非常正规,远远看去像是个军人,但近距离观察,你就会发现:其实他这种貌似正规的站姿里根本没有精气神,也就是说他只有一个军人站姿的外壳,却没有军人的气质。

这种人个人意识比较强,通常会认为大家都不如自己,在对待问题的看法上也比较偏颇,常常把事情简单地归结到是非、黑白、对错、好坏两个方面,拒绝承认中间状态的存在。和这样的人交往的时候,如果想尽快拉近和他们的距离，不妨从清洁明快的交往环境和教科书般的办事程序入手，这样容易获得对方的好感。

以上就是我们常见的几种站姿代表的不同的性格特点，需要注意的是，随着对方的心理发生变化，这些站姿会交替出现，这也是人性格善变造成的，需要我们根据现场的具体情况，调整自己的交际策略。

B：优雅站姿大纠错

美女们经常会感叹为什么没有足够大的镜子时刻跟着她们，这样才可以时刻修正自己的身形。

美国曾经有一档形象大变身的真人秀，在报名者不知情的情况下偷录下其与别人交往时的形象，再改造前回放给参与者，在监视器中看到自己平日形象的时候很多人都大吃一惊"怎么我看起来是这样的！"

如果偷偷录下了你的站姿，你也会大吃一惊吗？不用那么麻烦，对照下面的描述，给自己的站姿来个大检查吧。

秘诀1　驼背

秀场上的模特魅力十足，那是因为她们在不经意间流露出的自信。要拥有自信的外表，最简单的方法就是抬头、挺胸、收腹。但是一般人不习惯整天保持这样的姿势。我们习惯驼背站立，因为这样比较舒服，另外多半也是因为缺乏自信心不想引人注目。但双肩向后靠、抬头、挺胸、收腹的动作可以马上显露出你的自信与优雅，尤其在派对上。

首先，这样做让你看起来身材更高挑，人也更有气质；

其次，它能让你整体造型更显魅力——当你驼背时，人们的关注焦点会是你的不自在与害羞而忽略了你的美丽；

最后，抬头、挺胸、收腹能帮助你从内到外展现信心与风采。

这样的你会不自觉地吸引更多目光。

秘诀2　凸腹

好不容易纠正了驼背姿势，却发现腹部不知不觉地凸了出来，困惑吗?因为你误解了挺胸抬头的正确姿式。正确的姿式是在双肩向后靠的同时也把腹部收起来。

开始练习时会有点不习惯,不过随着坚持和时间,不久你就会慢慢适应,同时这也是打造腹肌的好方法。

假如你工作太忙没时间做运动,可以尝试反复收腹动作,帮助你塑造平坦小腹的同时,也培养了正确站姿。

秘诀3 斜肩

你可能不禁会问,我四肢良好怎么会斜肩,殊不知有一件随身物品正慢慢的改变你双肩的平衡——单肩斜挎包。单肩斜挎包是很多世界顶级设计师的心宠,也是很多女性的最爱,有一些女性朋友就算在包里不放东西也不会放弃心爱的包出门。

一个喜欢的包既是女人的帮手和装饰,也是一种安全感的来源。所以错误不在你心爱的包,而是在你使用它的方式,很多女人习惯长时间地用一边肩膀背包,久而久之就对双肩高低平衡有负面的影响。

所以提倡在背包的时候有意识地交替肩膀来背,避免斜肩。

C:完美站姿升级计划

标准站姿

想要随时随地保持完美站姿,应先从基本的标准站姿学起。良好的站姿不仅让你体态优美,还能促进健康。

1)头正,双目平视,嘴唇微闭,下颌微收,面部平和自然。

2)双肩放松,稍向下沉,身体有向上的感觉,呼吸自然。

3)躯干挺直,收腹、挺胸、立腰。

4)双臂放松,自然下垂于体侧,手指自然弯曲。

5)双腿并拢立直,膝、两脚跟靠紧,脚尖分开呈60度,身体重心放在两脚中间。

日常站姿

在日常生活中可以通过三个小动作来练习站姿：

1）提踵

脚跟提起，头向上顶，身体有被拉长的感觉，注意保持姿态稳定，练习平衡感。

2）头顶书

这也是模特们入行时必修的课程，普通人也可以用来训练重心和身体挺拔。

3）背靠墙

当你觉得头顶书站立还有困难时不如从背靠墙站立开始。将后脑勺、肩、臀、脚后跟贴在墙面，呈一直线，用前面调整身形，这时你会发现身体立刻就站直了，记住这种感觉，并将其应用在日常生活中。

虽然要时刻提醒自己用上面的标准约束站姿，但是如果任何时间都保持上面的姿势，说不定会被鸟儿当作成了死板的稻草人。永远都用一种姿势并不美，而是将身体演变成了僵硬和做作，在不同的场合有不同的应对变策才是聪明女人升级完美站姿的办法。将站姿分为正式站姿与非正式场合站姿可以让我们在站立时更加自信和游刃有余。

链接：正式场合站姿

正式场合时商务会谈、领导接见、与人初次见面时采用正式站姿可以展现你的涵养和礼仪。

肃立：身体直立，双手置于身体两侧，双腿自然并拢，脚跟靠紧，脚掌分开呈"V"字型。

直立：身体直立，双臂下垂置于腹部。女性将右手搭握在左手四指，四指前后不要露出，两脚可平行靠紧，也可前后略微错开。直立的站法比肃立显得亲切随和。

非正式场合站姿

非正式场合时日常生活中的几种常见场合可以采用稍显轻松的站姿,但又不失优雅。

车上的站姿:在晃动的车(或其他交通工具)上,可将双脚略分开,以求保持平衡,但开合度不要超过肩宽;重心放在全脚掌,膝部不要弯曲,稍向后挺,即使低头看书,也不要弯腰驼背。

等人或与人交谈的站姿:可采取一种比较轻松的姿势。脚或前后交叉,或左右开立,肩、臂不要用力,尽量放松,可自由摆放,头部须自然直视前方,使脊背能够挺直。采用此姿势,重心不要频繁转移,否则给人不安稳的感觉。

接待员式站姿:脚型呈"O"型的人,即使脚后跟靠在一起,膝部也无法合拢,因此,可采用此种站姿。将右脚跟靠与左脚中部,使膝部重叠,这样可以使腿看来较为修长。手臂可采用前搭或后搭的摆法。拍照或短时间站立谈话时,都可采用此种站姿。

明星们总是光彩照人、气质高贵,她们的秘密就是优美的仪态。

良好的仪态是可以通过后天塑造和改变的,在人群中,美丽的站立姿态就是你最合身的盛装,最点睛的佩饰,最贴合的妆容。

从今天起,优雅地站立吧。

3. 从走姿看你的"仰视弹性"

行为学家指出:"在一般情况下,要判断对方的思想弹性如何,只要让他在路上走走,就可以基本了解了。"一个人的心情不同,走路的姿势也就不同;每个人的秉性各异,走起路来也有不同的风采。

心理学家史诺嘉丝曾经对195个人做过三项不同的研究,发觉不但某种性格或某种心情的人曾用不同的步姿走路,而且观察者通常都能由人的步姿探测出他的性格。例如,走路大步,步子有弹力及摆动手臂显示一个人自信、快乐、友善及雄心;走路时拖着步子,步伐小或速度时快时慢则相反。

性格冲动的人,会像鸭子一样低头急走。而拖着脚走路的人,通常是不快乐的或者烦恼缠身。喜欢支配别人的人,走路时倾向于脚向后踢高。女性走路时手臂摆得愈高,便显示她愈精力充沛和快乐。精神沮丧、苦闷、愤怒及思绪混乱时女性走路时很少摆动手臂。走路习惯摆动手臂者往往会有成就。

英国心理学家莫里斯经过研究发现一个有趣的现象:人体中越是远离大脑部位的动作,越是可能表达其内心的真实感情。从脸往下看,手位于人体的中间偏下部位,诚实度可以算中等。研究发现,人们或多或少在利用手来说谎。脚离大脑的距离最远,相比之下人的脚部要比其他部位"诚实"得多,因此脚的动作能够泄露人们独特的心理信息。

与其他的肢体语言一样,腿和脚的动作有特殊意义。汉语中很多词语都是用来描述走路的动作的,例如轻、重、缓、急、稳、沉、乱等。这些形容词与其说是描写脚步,不如说是在描述人的心态:稳定或失衡,恬静或急躁,安详或失措等。

除了走路,在其他场合下的"脚语"也能表露出某个人的心理活动。例如一些参加面试的人,虽然他们坐着的时候,表情轻松,面带微笑,肩膀自然下垂,手的动作和缓,但你看看他的脚,两只脚扭在一块儿,好像在互相寻求安全感;然后他的两脚分开,几乎不为人所察觉地轻轻晃动,好像想逃走;最后,他们又两腿交叉,而且悬空的一只脚一上一下地拍动。虽然坐着没动身,两只脚却泄露想脱逃的意愿。

想要全面地洞察一个人是仰视,还是处于被仰视的地位,那么,腿和脚永远是不能忽视的观察对象。

从走路的姿势看,主要有下面十种具体的方式:

1)步伐急促的人多急躁。

疾行,这是一种脚步沉重而快速的行走方式,几近于行军,但不那么正式，留给人的印象是：控制得住心里的焦急。急走，这是焦虑的女性常有的步态，她们以细碎的步伐急速运动，不仅显得慌张，且经常改换方向。如果一个男人的步态也是如此，那么这将显示此人喜欢吹毛求疵，而且个性比较阴柔。

慌张地走，这是一种脚步快而轻的走法，行走的人还会经常变换方向，心情焦虑地到处乱窜。这类人是典型的行动主义者，大多精力充沛，精明能干，敢于面对现实生活中的各种挑战。如果你的下属职工里有这样的人，对他说你再怎样怎样我会开除你的话，他会若无其事地继续干下去，一定让你气愤不小。

2) 步伐平缓的人多稳重。

慢跑式地走，这是一种缓慢而又控制得住速度的跑步，最常以这种方式走路的人多半属于健康情况欠佳或年事已高。这类人走路时总是一副慢腾腾的样子，就如人们常说的"生怕踩死蚂蚁"一样，你无论说得如何急他都不在乎似的，这是典型的现实主义派。他们凡事讲求稳重，"三思而后行"，绝不好高骛远的情况绝对不会发生在这种人身上。如果他们在事业上得到提拔和重视的话，也许并不是他们有什么"后台"，而是他们那种务实的精神给自己创造的条件。

3) 喜欢踱步的人善于思考。

就姿态而言，这是非常积极的姿态。但是旁人可能对踱步者讲话，因而可能使他思绪中断，并且干扰到他正想做的决定。多数成功的推销员了解：要让踱步的顾客单独思考是否决定购买自己所推销的商品，不要去打扰他，这点是很重要的。假如他想要问问题时，他们才让他停止踱步思考。有许多成功的谈判乃至于一方咬着舌头不吭气，让另一方继续决策行为，在地毯上踱方步。

4) 漫步的人外向，端步的人内向。

有的人走路总是不正规，就像玩儿似的，一点儿也不规范。这种人与上一种人正好相反。他们属于外向型的人，对周围的一切事情都感兴趣。这样的人对什么事情都不会很认真，可以接受各种各样的意见。人们称之为曲线型的人。

有的人走路头几乎不动,笔直地往前走去。这样的人关心自己超过关心别人,很少注意目的地之外的人和事。这样的人是内向型的人,主观意识很强,处理问题很少有弹性。他们如果去当会计、出纳,要在他们那里开后门是不容易的。他们被称为直线型的人。

5)大起大落的人自信。

高视阔步,显现较强烈的自信心,典型的例子常见于想让接近他的人留下深刻印象。但是,大摇大摆地走,采取这种步态的人,虽有自信的气势但又充满自夸与自满。另外,迈开大步走是一种冷酷且具有权势的步态,它的特性通常是跨出很大的步伐。典型的例子可以见于那些地位崇高的男性。

6)走路前倾的人谦虚。

有的人走路总是习惯上体前倾,而不是昂头挺胸。这种人的性格比较内向和温和,为人比较谦虚,一般不会张扬,很注意严格要求自己,很有修养。有的人走路把头低着,双手紧紧地背在背后。他们的脚步有时很慢,不时还会停下来踢一下石头,或者捡起什么东西来看一下,然后又丢下。从一般的情况看,有这种行为的人往往心事重重。他们或许正在为一件很难办的事情而焦头烂额。

7)走路低头的人沮丧。

有的人走路的时候总是拖着步子,把两只手插进衣袋里,头常常低着,只埋头走路,不抬头看路,不知道自己最终要去哪里。这样的人往往是碰上了难以解决的问题,到了进退维谷的境地。很多快要走人绝境的人常常有这样的表现。

8)走路两手叉腰的人急躁。

有的人走路两手叉腰,上体前倾,就像一个短跑运动员。他们可能是一个急性子,总希望在最短的时间之内跑完急需走完的路程。

这种人有很强的暴发力,在要决定实施下一步计划的时候常常表现出这样的动作。在这段时间里,从表面上看,他们处于沉默的阶段,好像没有什么大的举动。其实,这叫"此时无声胜有声。"他们的这种动作,实际是一个大大的"V"形,正是他们在告诉别人,胜利正在向自己走来,你们就等着我的好消息吧。

9)步伐矫健的人正派。

人走路的姿态是各种各样的,给人的感觉也是各不相同的。有的人步履轻松自如,灵活敏捷,富于弹性,这种人使人联想到年轻、健康、充满活力;有的人步履矫健、端庄、自然而大方,给人一种庄重而斯文的感觉;有的人步履雄健而有力,给人一种英武、无畏的印象;有的人步履轻盈、灵敏,行如疾风,让人油然而生欢娱而柔和的感觉。

有这样步态的人,一般都是正人君子。当然,应该透过现象看本质,不要被假象所迷惑。

10)抬下巴走路的人傲慢。

有的人走路的时候,下巴高高地抬起,手臂很夸张地来回摆动,腿就显得比较僵硬。他们的步子常常是那样的稳重而迟缓,好像刻意要在别人的心目中留下深刻的印象。

这种人很傲慢。如果不想与这样的人对抗,在他们的面前最好表现得谦虚一点。

另外,从脚的习惯动作中,也可以洞察出一个人的心理状态。

1)人的心理处于紧张状态时,通常两腿便会不停地抖动,或者用脚轻轻敲打地面。

2)当顾客对会谈不感兴趣或感到厌烦时,常有重复不断地跷脚,一会儿左腿放在右腿上,一会右腿放在左腿上的动作,表示他不想谈下去了。

3)双脚自然站立,左脚在前,左手习惯于放在裤兜里。这种人的人际关系相对而言较为协调,他们从来不给别人出什么难题,为人敦厚笃实。这种男人平常喜欢安静的环境,给人的第一印象总是斯斯文文的,不过一旦碰上比较气愤的事,他们也会暴躁如雷。

4)对于家庭里一对夫妇的双足交叉动作要特别留意,假如你是位推销员,对这个脚部动作要奉为圭臬。人们常常会放松地做一些交叉双足的动作。夫妻间的某方先行交叉自己的双足,即可能表示其在家庭中所占的主导地位。

5)在谈判时,当对方身体坐在椅子前端,脚尖踮起,呈现一种殷切的姿态,这段有可能是愿意合作,产生了积极情绪的表示。这时善加利用,双方就可能达成互惠的协议。

6)双脚自然站立,双手插在裤兜里,时不时取出来又插进去,他们比较谨小慎微,凡事喜欢三思而后行。在工作中他们往往缺乏灵活性,生硬地解决很多问题。他们大都经受不起失败的打击,在逆境中更多的是垂头丧气。

7)说话时,身体挺直,两腿交叉跷起,这一姿势表示怀疑与防范。所以,在谈判推销商品或个人交往中,要注意那些"架二郎腿"的人。而对那些坐在椅子上而跷起一只脚来跨在椅臂上的人要引起足够的警惕,因为这种人往往缺乏合作的诚意,对别人的需求漠不关心,甚至还会对你带有一定的敌意。

8)双手交叉抱在胸前,两脚平行站立,很可能表明此人具有强烈的挑战和攻击意识。

9)两脚交叉并拢,一手托着下巴,另一手托着这只手臂的肘关节。这种人往往对自己的事业颇有自信,工作起来非常专心。

10)两脚并拢或自然站立,双手背在背后,他们大多在感情上比较急躁,这类型的人与人一般都能相处融洽,可能很大的原因是由于他们很少对别人说"不"。

11)双脚自然站立,偶尔抖动一下双腿,双手十指相扣在腹前,大拇指相互来回搓动。这种人表现欲望特别强,喜欢在公共场合大出风头。如果要举行游行示威,这种人充当的角色大都是扛大旗的。

12)某人两只脚踝相互交叠,你就应注意此人是不是正在克制自己。因为人们在克制强烈情绪时,会情不自禁地脚踝紧紧交叠,交易场上或其他社交场合中,当一个人处在紧张、惶恐的情况下,往往会做出这种姿态。

力争上游——成为"被仰视"的20%

身在职场,每个人都胸怀梦想。

梦想得到更高的职位,梦想拥有高额的年薪,梦想成为世界500强企业的金领,梦想自己创业做老板,梦想有一天成为现在自己所仰视的那类人……

这些梦想并不是纯粹的幻想,它们完全有可能够实现,甚至可能远远超出我们的期望。

那么,我们该怎么做?

花更多的时间工作,提高工作效率,建立更和谐的人际关系……这些就是答案吗?

不!确切说来,这些都是我们追求的目标。达到这些目标,能让我们走出"平凡"步入"优秀",但离"卓越"和"不可替代"还非常遥远。

梦想总是美好的,但现实总是无情地击碎人们的美梦,并时刻把守着成功的大门,把绝大多数人拒之门外。

能让我们梦想成真的,唯有一条路,那就是:利用仰视反应为我们升职加薪,做"被仰视"的员工,成为不可代替的20%!

1. 抓住上司的"被仰视"心理

人与人之间都有个气场存在。经营好下属和上司之间的气场尤其重要。与上司为善,便是与己为善。

人在职场,难免要与上司相处。很多人都认为上司难接近,难以像朋友那样和谐相处。如何与上司相处,只要你抓住上司们喜欢"被仰视"的心理,即可成功在望。

A.亲近总比疏离好

2007年8月,从名牌大学法律系毕业的江晴如愿以偿地被一家大型国企录用,安排在公司总部总经办任秘书工作。优越的工作环境、不菲的薪酬待遇,都使江晴感到满意。但时间过了不到半年,江晴感到无论总经理还是办公室主任似乎对她有隔阂,对她的态度不再像刚来时那样亲切。她百思不得其解,工作中也逐步失去了自信。这到底是为什么呢? 这和她性格有关。

江晴是个独生女,难免孤傲清高。走上工作岗位后,她把这种性格带到了与上司的相处中。平时遇到上司,她从不主动地去打招呼,而是头一低擦肩而过;有时候上司到秘书办公室有事,别的同事总会主动站起来以示礼貌,她依然坐在那里不闻不问。久而久之,上司们都认为她对人缺乏尊重,不懂礼貌,自觉或不自觉地表现出对上司的疏离和轻视,上司也自然对她冷淡。

职场之中,江晴此类的遭遇并不鲜见,特别是一些初涉职场的新人。现实中很多人由于性格原因,往往保持与上司的距离,归纳起来不外两种情况:一种是认为与上司走近了,会招惹"闲话",于是故意疏离上司;还有一种是一些人自视清高,表现出与世无争之态,难免流露出轻视上司之态。很明显,这两种做法都不可取。

要克服这样的心理劣势,关键在于正确地看待上司。上司之所以能够成为上司,其中不乏夹杂着运气和关系,但更多的还是他们具备的特质,与常人相比他们要更能干一些,也更能承受一些。也许他不是"全能冠军",但他也决不会是平庸之辈。就像刘备,虽然武功不如关羽、张飞,论谋略不如诸葛亮,但他照样掌控天下豪杰,稳坐汉中王交椅。

因此,现实中不管你的业务水平有多高,工作能力有多强,但至少在这一阶段，你的综合实力会比上司略逊一筹。那么，你的最佳选择就是以仰视的态度去看待上司，这样你才能看到上司更多的优势和长处，才会产生去亲近上司的念头，而不是看到上司躲得远远的，否则对你的职场前景颇为不利。

因为亲近上司，才有可能让上司更多地了解你、熟悉你，使上司对你产生感情。如果你觉得亲近上司，怕人说成是"拍马屁"之类，那是你反应过敏的问题。事实证明，疏离上司对自己对工作都不是好现象。

B：不要同上司"躲藏"

古飞在大学毕业后通过公务员考试，录用到某市司法局任科员。小伙子专业素质很好，为人也很机灵，工作勤恳能干，深得领导赏识，两年后便被任命为局办公室副主任。然而，当上办公室副主任后，古飞不久却像变了一个人似的。对上司不再像以前那样唯唯诺诺，而是当面一套背后一套，对交办的工作也不再那么尽心去做，能推脱就推脱，能偷懒则偷懒。工作压力稍大一些，就会不分场合地发一通牢骚，有时甚至添油加醋曝出上司的所谓的"隐私"，所有这些都使得上司对他十分恼火，同事也都认为他变化太大。不久在年终考核中，他得票最低自然末位淘汰，被免除办公室副主任职务。

每个上司都希望下属对单位忠诚，对领导忠诚，这两者实际是相辅相成、缺一不可的。作为下属，切记对上司千万不要"躲藏"，因为上司也是从下属走过来的，当下属的时间比你长得多，而且现在对于他的上司来说他仍是下属。你切不可聪明过了头，在他面前阳奉阴违，别看他整天在办公室里正襟危坐，实际上对你的心理洞若观火，对你的花样更是看得明明白白。

有一些人还会这么片面地认为，仅仅取悦于上司就够了，工作好坏无所谓，于是便时不时地在工作中掺杂点水分，如果这样想就更是大错特错了。

上司之所以能成为上司，他决不会是一个责任心严重缺失的人。他自然希望自己所信任的人，能为他扛起一片天，不时给他一个惊喜。如果你心存侥幸，时不时地在工作中掺点水搞点假玩点什么花样，别以为能瞒天过海，实际上你玩的一切都是他玩剩下的，在这方面他是专业玩家，而你只是新手学徒。他可能表现出不闻不问，只是他不屑于跟你计较，或暂时顾不上理会，一旦哪天他有心情跟你计较了，那绝对不是你想要的结果。

不要同上司"躲藏"，这是作为下属应有的品质。《菜根谭》里有句话说得好："文章做到极处，无有他奇，只是恰好；做人做到极处，无有他异，只是本然。"

C:不要跟上司较劲儿

前些年我刚到一家新公司任总经理，曾有这样一个下属，尽管业务能力平平，但表现得十分积极肯干。当时他所在的部门由于刚经过改革，人员流失十分严重，虽然很多人说他是当面一套背后一套，但我当时还是考虑看人看主流，只要能在关键时候把工作顶起来就行了。于是我力排众议，聘任他为部门助理。他当上助理后不久，不良的本性便暴露了出来。不仅工作懈怠，而且生活中品行不端，单位里人际关系也十分紧张，另外他还到处吹嘘同我的关系如何"铁"。后来竟然发展到与我当面较劲，在一次年底评选先进中，经过民主测评、集体研究后，凭他的表现自然与先进无缘。他先是到处大发牢骚，认为自己没当上先进太没面子，后来竟发展到在一次集体聚餐时，当着全体职工向我发难，提出部门助理不干了。说实话，我本就有对其免职之意，这次正好解除了他的职务。当然在正式免职之前，我同他很好地谈了一次，既肯定成绩又指出不足，希望他能从头再来。

其实在职场中，上司和下属本是一对合作方，合作得好才会双赢。有些人年轻气盛，经事不多；有些人自视过高，心存不服；有些人逆反心理严重,对上司看不惯;还有一些人由于自身利益一时难以得到满足,于是对上司产生一种强烈的抵触情绪,有意无意地和上司斗斗气,专门跟上司作对较劲,这实际上是一种极其幼稚的表现。

上司对下属不可能事事兼顾,下属对上司也不可能处处顺眼,相互之间产生矛盾是不可避免的。解决矛盾的途径,只有多沟通、多包容。作为处于劣势方的下属,更应该在沟通和包容方面多主动一些。如果因为心存芥蒂,就想着跟上司较劲,甚至把不满情绪带到工作之中,那最终吃亏的只会是你自己。

上司不是圣人,即使再有胸怀,也不会容忍下属明里暗里把他当作射箭的靶子和发泄的目标。对你的所作所为,他会一桩桩一件件熟记于心。你千万别心存侥幸,想着上司会大人不计小人过,而自己只图一时之快。想想你小时候上学被同学欺负了,你至今都会记得,却要求上司立刻就把你说的话做的事忘记了,岂不是太难为他了吗?

聪明的下属是绝对不会跟上司较劲的,而是想方设法去与上司合作双赢。如果你不跟上司合作,只想着如何与上司较劲,那注定你会输得很惨。

2. 让上司收到你的仰视,是升职加薪的前提

为什么你干得不错而老板不欣赏你?

为什么别人能步步高升,而你却原地踏步?

这是因为上司没有收到你的仰视反应。你不关注上司,上司自然也不会关注你。

人与人的感情是在频繁的交往中产生的。要拉近与上司的心理距离,首先要从汇报开始,汇报的次数越多,印象就越深刻。经常找一些机会找上司汇报工作,就能给上司一种受尊重的感觉,只有让上司体会到

强烈的荣誉感,他才会对你产生好印象。

你也许会说,我的工作老板都清楚,不需要汇报了。这种想法是错误的,要知道你汇报的不是工作,而是尊重!这种尊重是使上司欣赏你的基础。比方说你是一个熟练的业务员,该怎么工作自然心里清楚,但还是要汇报,因为很多时候上司听的不是你汇报的内容,而是在确认自己有没有得到你的尊重;只有他感觉自己得到了足够的尊重,他才会关心你、帮助你,让你工作开展得更加顺手。

如果新到公司有陌生感,或上司有点怀疑你,那么汇报是消除隔膜的最好途径。从现在开始,往上司的办公室跑得勤一点吧!不过话又说回来,汇报总得有内容,如果你是个懒姑娘,什么活儿都不愿干,那你往老板办公室跑无疑是找挨骂。脚要勤快,手也要勤快,多做事才能引起上司的重视。毕竟咱们是在职场,只有拼命做出成绩才是对老板最好的回报。一个既会做事又懂汇报的人,在任何环境里都能如鱼得水。

李嘉是一个非常懂得做事规则的女人:有些工作是她必须要做的,或者通过分析知道会轮到她头上,那她不会坐等老板分配任务,而是主动请缨,变被动为主动,这样一来就算工作完成得不是特别完美,上司也不太会找毛病,因为这种主动工作的风格是上司们喜欢的。每到年终时,李嘉的奖金总比别人多一些。

记住,不仅要把大事做好,小事也不可忽视——小事往往决定你是上升还是下降或者被放逐、发配。你看,上司在考验下属(特别是新进公司的人员)时,不是拿不能解开的问题,而是用最简单的问题,通过完成状况来进行综合评价,往往这些评价就决定了被考核者是被放入重点发展的行列,还是被归入可有可无的群体。有些女人心比天还高几丈,看到简单的工作就敷衍了事,觉得做那样的工作屈自己的才了。这么想就非常幼稚了,因为再大的工作也是由小环节组成的,不把小环节做好,何来做大事?一个小环节不到位,可能所有的工作都会前功尽弃。所以,小事也要做好,这样才能给上司"能做大事"的感觉,才能让他继续欣赏你。

在职场中，要想得到上司的器重，最最重要的一点就是服从。如果你像头犟牛一样怎么都不听指挥，别说是上司欣赏你了，第二天就会让你走人了。服从上司体现在哪些方面？做什么事都不要背着上司，工作进度要让上司知晓，听从安排和指挥(如果你明明是个财务人员，每天不做账，却要跑去扫地或其他与工作无关的事情，那么做得再好也无人欣赏)。只有在上司的关注下开展工作，你做的事才有意义，才能得到肯定与夸奖。记住一句话，响应上司的号召，只有听话的人才能得到重用。

在舞台上，变魔术的手法往往不止一种，魔术师在向观众展示才艺时，必须得考虑台下的观众是哪种类型。

在职场中，上司就是你的观众，你必须先把他了解透彻，才能得到他的关注与欣赏。你了解上司的为人吗？先问你四个问题：

你的上司是什么样的人

要想得到上司的欣赏，首先你得了解他。如果他喜欢温柔可爱的，而你偏偏是个狂野型的，那么就很难走到一起了。幸好工作不是婚姻，如果你想得到他的"宠爱"，就要学会适当隐藏自己，改变自己。如果他是个喜欢把握大局的人，那么你向他汇报事情的细枝末节就会让他腻烦，你应该把所有的基础工作都做好，否则他就会不信任你。

你是否在帮上司完成任务

如果你清楚地知道上司想要达成的目标，最好能去帮忙。了解那些特别的目标，有助于你更好地把握部门的发展方向，通过这些信息，你就能采取前瞻性措施来帮助上司达到目标，那么上司就会把你当成部门里有价值的人员，一旦他升迁，你就会得到提拔。

你是否知道上司的做事习惯

他是喜欢上午处理问题还是下午？如果你的上司不是一个喜欢下午处理问题的人，那你就要避免下午被他召见，特别是你们真的有问题需要商量时，你会发现上司在上午更容易听取别人的意见，更可能帮助你解决问题。

你是否尽全力为本部门增色

如果你的上司工作出色,那你也跟着闪亮起来,所以你应该时时想着让上司显得出色。如果你有什么能改善部门的主意,一定要告诉他,但记住是私谈,他不采纳也不要发生冲突。如果部门工作有所改善,他就会对你刮目相看,欣赏有加,这对你的前途很有帮助。当上司欣赏你时,你就会觉得你们更像是伙伴而不是上下级,作为伙伴,你当然更容易被委以重任。

在职场中,上司就是你的观众,你必须先把他了解透彻,才能得到他的关注与欣赏。那个欣赏你的上司,让你升职有望,他是你的"职场福星",你要"抓住他":有事没事多往上司跟前跑跑,起码要留个良好印象!

延伸阅读——升职加薪面面观

1.卡纸的打印机、罢工的电脑……每个公司里都有些人能迅速地把它们修好。发现这些人,并和他们保持良好的交往。

2.每认识一个新的客户,都给他们写一封邮件,这样能更好地认识并了解他们。客户的赞美是很重要的,也许客户的一封感谢信就可以让你升职。

3.你可以喜欢红色,但重要工作场合尽量避免它,这让人联想到娃娃。

4.如果你想约人谈些要紧的事情,放弃星期一和星期五吧。

5.尽量不要使用模糊词,例如"也许"。用词清晰准确才能使你的对话获得成功。要掌握准确的信息,而不是也许、可能的信息。

6.永远不要一个人吃午餐,尝试一下午餐社交,良好的人际关系是升迁的基础。首先你自己要行,然后有人说你行,最关键的是说你行的人要行。千万记住不要站错队!

7.和不对盘的同事相处也不要犯冲,跟他们说话的时候尽量符合他们的习惯吧。多个朋友多条路吗?如果树敌太多及时你能力很强,可能升迁也无门。

8.如果你的桌子上总是一团混乱,请去看看老板的桌子——他们的桌子上永远都是干净整洁的,东西也非常少。如果自己的办公桌都管不好,怎么管其他人呢?

9.对下级也要友好,谁知道新来的实习生是不是老板的亲戚。

10.记住老板助理的生日并跟他保持良好的关系,没有人会比他知道的消息更多。要有人在老板耳边不停地吹风,风的力量越大,你升迁的机会越多!

第八章

理智地用胜败反应对待得失

胜败反应,顾名思义,是战斗结束之后的表现。胜利的人趾高气昂,失败的人垂头丧气。

经过战斗之后,你可以通过观察对方的胜败反应,来分析此人心态,还可以用来预测事情未来的走向。

但是生活中,没有绝对的胜利,也没有绝对的失败,大多数时候,我们都处于胜利和失败的边缘,于是,我们焦虑,我们患得患失……可能我们觉得自己掩饰得很好,但是,"微反应"却不会说谎。

所以,我们要从胜败反应,理智地去打造一种对待得失的态度,在胜利的时候,不要张扬得太过火,在失败的时候,不要表现得太明显,如此,我们才能在成功的路上平稳地前进。

解读胜利和失败的姿态

我们都知道"胜不骄，败不馁"这句古老的话，也在不断地提醒着自己，但是为什么我们还是避免不了被扣上"得意忘形""一蹶不振"这样的标签？我们觉得很冤枉——自己也许并不是这样的人，但是，我们在面对胜利和失败时候，一些微反应，一些小动作，一些姿态给别人造成了误解。

所以，我们有必要弄清楚胜利和失败的姿态，控制好自己的肢体语言。

对于普通的你我来说，最大得胜利莫过于作一个职场胜利者了，在工作中游刃有余，在人事交际中圆润处世，便是我们可以体会到的胜利者的姿态。

胜利是一种获得，相反，失败是一种失去。

当一个女人失恋的时候，她是憔悴的。当一个男人失败的时候，他的眼神暗淡无光，身体受重力作用的影响，呈下坠的趋势，整个人无显得很无力，如果严重的话，他会双腿打弯，或蹲或坐在地上，整个身体呈现收缩的趋势，呼吸变得微弱，反应变得迟钝。

比如在《裸婚时代》中，当刘易阳看到童佳倩和杜毅在一起的恩爱情形，碰到杜毅给他发喜糖时，刘易阳的表现就是一种挫败，他面部表情僵硬，牵动嘴角，想笑又笑不出来，想说恭喜的话又说不出口，于是只有木讷地接受，转身离开之后，他走路的步伐缓慢而沉重，几乎有一种要跪下去的趋势，遇到朋友说话也是垂头丧气，强颜欢笑，这些伪装出来的坚强其实还是泄露了他的内心：他已经崩溃了。

这一切遭遇都不是刘易阳所期望的状态，这种精神状态的外在反应与悲伤的情绪外在表现很是吻合:失去所爱的人让他无计可施,这种无可奈何的情绪时引发悲伤的刺激源,在一定程度上反映了他心里的放弃。

1. 我赢了——别流露得"太过火"

无论是跳跃、奔跑还是欢呼其实都是释放身体能量的一种方式,释放能量的过程也是松弛神经的过程,当这种能量释放完了,情绪平静了,我们的心理和身体就会又恢复到平衡的状态。

但通过这些行为和动作,你可以分享到他人的激动和喜悦,可以为他人的胜利所感染,可以同他人一起欢呼一起呐喊,伴随着类似的能量释放。

在体育竞技和感情竞争中,当宣判的那一刻来临时,所有的选手都会屏住呼吸,期待一个关键的词语跳入自己的耳朵。当"你赢了"的信息传递到大脑中时,在一秒钟的大脑空白之后,接下来的激动和兴奋就会充斥我们的头脑,此时能表达这种情绪的动作是跳跃、欢呼、得意,伸出拳头用力的肯定自己!

这一点,人和动物没什么区别,也就是说,这是人最本质的情绪反应,是不需要修饰和伪装的内心感受。我们常见有在比赛中获胜的运动员兴奋之余攀至高处或者绕场跑动,他们高高举起一只手向观众致意。欢呼则是获取更多关注的一种炫耀方式,它还能起到调整呼吸、消耗能量的作用,可以让更多的人看到并且获得赞美。

其实在你高举双手表达胜利的喜悦的同时,身体会自然挺直,让整个人达到自然身高的极值。比如生活中,当我们通过努力完成一件比较有价值的工作之后,就会站起身来,走到窗户边,长长地舒展身体,伸个懒腰,最大可能地让自己的身体和神经松弛。这样做的时候,你会感觉到前途明亮、未来美好，一种幸福的感觉油然而生。

除此之外，表达获胜情绪的面部表情还有微笑。我们可以看到当一个女孩在表达自己满足、幸福、胜利的时候，会有灿烂的笑容。她的眼睛在微笑，嘴角上扬，头会略歪左右摆动，幅度不大，整个动作会在一两秒钟内完成。

当一个男孩在自己喜欢的女孩面前表现得意的时候，他会叼根烟，装出坏坏的样子，然后眯着眼睛朝女孩笑，这时候伴随的其他小动作是抖动腿或者脚。

根据上述的反应我们可以得出结论，如果一个人的胜利或者喜悦的情绪越高，他的动作幅度就会越大，需要消耗的能量也就越多。

所以说，当你胜利了要收敛住"身体"——动作幅度不要大，或者动作不要繁复。

那些很快能调整自己，并且很快投入到新的战斗中再创造新的辉煌的人注定会取得更大的成就，而那些沉湎在自己昔日辉煌里的人会为自己的成就而驻足不前，到头来昙花一现，留下一声叹息。

要想做一个八面玲珑的职场胜利者，你还必须要严格要求自己做到以下两点：

1）要学会微笑。不仅仅是对自己的老板，无论是门口的阿姨，还是刚进公司的实习生，你都要记得向别人展示自己灿烂的笑容，以赢得公司上下的好感——亲和力是事业发展的一个重要前提。

2）不要"趁胜追击"，不要"得理不饶人"。也许你所在的单位有这样那样不妥的地方、不尽如人意的做法，也许你脑子里有很多关于公司如何改进的想法，但是，不要轻易把它们说出来，你的"得理不饶人"，在别人眼里，会是刻薄的表现。

2. 我输了——"失败感"的症状既多种多样,又难以识别

当选手落选时,当一个人付出大量的心血而没有实现愿望的时候,这些无奈的失去会让人感到悲伤,让人哭泣。如果付出的越多,现实的结果距离选手的心理期望落差越大,他的情绪波动就会越激烈,如果只是流泪、黯然神伤或者情绪低落,说明选手早有这样的心理准备,所以表现相对缓和一些。

因为悲伤情绪是由不同的心态来决定,因此每个人对失败的表现有所不同。

如果失败感说"我来了",如果它的症状像麻疹或重感冒那样有显著的标志,可以毫不费力地识别的话,那么,我们也许就能很容易战胜和消除它,或者研制出克敌制胜的法宝对付它。

然而不幸的是,"失败感"的症状既多种多样,又难以识别。失败的方法多得像心理学的分支,以至于不论是在别人身上还是在自己身上,我们都很难意识到"失败感"的存在。但是,一些基本的失败反应还是可以罗列出来的,你可以判断一下,自己身上是否出现了这几种基本的反应。

1)好像生命还有1000年?

想像一下,假如你要把一个整日沉湎于享乐的花花公子从饭馆、舞会、剧场中拽出来,把他介绍给一个不修边幅、脾气暴躁,在阳光下梦游的哲学家,并说:"嘿,你们俩认识认识,看看你们是多么相像。"人家一定会以为你疯了,但是你的做法却是对的。从世俗的角度来说,那样一个沉浸在内心世界的内向型人和那样一个沉溺于花天酒地的外向型人虽然是两个极端,但是他们有着相同的冲动,在潜意识中,都在品尝着失败。他们的生活有一个共同的准则:好像生命还有1000年。

那些被"失败"紧紧抓着不放的人总觉得自己还有1000年好活,不论是梦想还是跳舞,他们都在浪费宝贵的时间,这导致种种失败症状的出现。

2)依赖性失败——睡眠、烟酒、娱乐……

一些嗜睡的人,每天的睡眠时间要比需要的多出2~6个小时,他们却美其名曰"睡眠保证身体健康"。对任何人来说,除非睡眠时间远远超过了正常额度,否则很难确定谁睡得多,谁睡得少。可是有些坏脾气的家伙,稍微推后一点睡眠时间,他们便会马上变得半死不活。他们早上起来的第一件事就是计算睡了几个小时;要是有人打搅了他们的睡眠,他们会焦虑不堪,痛不欲生。一个小时的失眠中有不识趣的铃声,会让他们加倍补偿睡眠时间。更有甚者,每天睡两觉,仍然觉得不管事。

失败所钟爱的还有酒鬼。醉酒让醒着的人也如同沉睡,甚至他们睡得更深,直至达到醉生梦死的境界,所以,他们的失败显而易见。可惜的是,成百上千的人忽视了这样的症状。根本没有人注意到,醉酒之后醒来自己非常难受,不仅身体不适,而且精神萎靡,思维混乱,直到酒劲过去才能恢复清醒。人们依赖酒精也许是因为孤独无聊,也许是因为愁绪纠缠。

让我们再来看看外向型的人。他们赶着看电影,赶着上戏院,赶着去舞会;要是今天没吃上茶点,没有参加酒会,那可是白活了……

当然我的意思不是杜绝娱乐,禁止休息,但是我认为休息娱乐应该放在一段有意义、有价值的活动之后。假如过分依赖睡眠、烟酒、娱乐,只能说明你给人的感觉是一个失败者,这些也是失败反应的一个分支,叫做"依赖性失败"。

3)一半对一半错的失败

这一类人里包括绣花的、织毛衣的。尽管我们必须承认,这种活动锻炼了双手的灵巧,也许在做工时还可以想想心事。但是我们得认真想想:这种重复性的机械活动是不是有意义?

织了毛线,绣了花,究竟要干什么?对于精神恍惚、无所事事的人,这也许有点价值,因为它需要耐心和专心。但是我认为这种工作缺乏创造性,在机械的重复中耗费时间。至于那些吹嘘得天花乱坠而又漫无目的的人,我们很容易就把别人归到这一类而忘掉自己。

有的时候我们多少还能意识到,一连几天,同样的趣闻已对同样的朋友讲了多少遍。这当然算不上什么大错,就算朋友听腻了,脸上再也挤不出笑容来,也丝毫挡不住我们的热情。我们会把陈腐无味的话题嚼了又嚼,把索然无趣的观点谈了又谈,把相同场景下的发现反复回顾,对众所周知的悲剧表示了一成不变的愤怒,对自己的观点运用着雷同的论证,也许还会加点不温不火的小辩论给那已经退化成偏见的论点找个依据。

有的人刻意将话语装饰得太矫揉造作,以至于听者会愤而反驳。得到这种回应,还算走运。有的人语言特别枯燥乏味,让听者麻木不仁:"噢,我说","当然了","我能想像","明白了","事实上"……相反,另一类人遇到芝麻大点的麻烦,就歇斯底里地发作,让人一看就知道这人脑子不对劲。

还有一些人的症状不易察觉,因为他们经常对不同的听众重复同样的故事,不过这样的人为数不多。

4)含糊不清的失败症状

此外,还有很多更加含糊不清的失败症状,这些症状不论是内向的人还是外向的人都容易感染。有些人对工作挑肥拣瘦,专挑容易的活儿干,却全力以赴收集毫无意义的细节。比如上了一门又一门研究生课程,年复一年地在校园里游荡,却永远也毕不了业。

那些貌似"有魅力的人"更容易成为失败的牺牲品。一旦发现自己比周围的人更有魅力,他会心满意足地冲自己说:"看,又一群失败者!"这些失败的牺牲者太看重魅力的需要,为了不让逐渐消退的吸引力冲淡自己的魅力光环,他们就像犯人在采石场辛苦劳作一样,只为了增加自己的魅力。只要他们的不足不被发现,只要没人直截了当地指出他们的问题,他们就能继续伪装下去,不必承认自己失败的事实。他们一边生活一边继续欺骗,除非发生奇迹,他们才能真正认识到在这场扮"酷"的游戏中,自己受苦最深。这些方法以各种各样的形式在我们的生命时钟上堆砌着漫无目标的活动,涌现着毫无意义的琐事。这些都是向失败屈服的结果。

无论目标与实践如何大相径庭,所有的症状都有一个共同的动机——不由自主地埋头琐事,无视成功的精华所在。这种行为简而言之就是——失败。

当然,有时候有些人明明做错了事情,失败了,还不肯承认,非要伪装出成功和得意的样子,如果你在对话中发现如下表现,那么,他很有可能只是在掩饰自己的失败。

调整胜败反应
——胜利需要气质和模式

职场上既没有永远的胜利者,也没有永远的失败者。无论如何,没有信心并不能使事情好转,所以无论处境多么困难,多么糟糕,都要有信心,哪怕知道明天你就会被解雇,今天你即使装,也得微笑着似乎胸有成竹一切尽在预料掌握之中。

不要以为胜败只是才干的高低,胜利需要气质与模式两种保证。在职场,最有才干的人也难免会招致失败,只因为他们没有具备取胜的气质,或者他们没有一贯的胜利形态。经验告诉我们,往往才能较差的人抢走了那最大的"奶酪"。

职场上,成功者也不可能常胜。要想成为一个成功者,有时失败的次数还要多于成功的次数。

但是,成功者的失败,不同于失败者的失败。成功者的失败,绝不容许其成为决定性的失败。他也许主动选择撤退,但不会屈服。当遇到失败时,他所表现的气质会使人感觉到他似乎仍在必然的成功之路上,只不过经历一次暂时而无关紧要的挫折而已。

而失败者的失败,则是一场灾难。他很容易被毁灭,失败迫使他失去据点而后退,失败从他身上夺走了某些宝贵的东西,暂时的,有时甚至是永远的。

成功者的成功,也不同于失败者的成功。成功者的获胜,给予人的印象是:他的成功正是他所预期的。他视成功为理所当然,他自然会感到高兴,但他对成功的反应却是冷静的,因为在别人眼里,他正筹划着下一次更大的成功。而失败者却认为他的成功是意外,是巧合,甚至大为惊奇。有时他甚至举行一个盛大的庆祝会,从他对成功的反应,就可以看出他并未期望成功,因为他一贯习于失败。

请你研究一下你所认识的人,为什么你认为某人是个胜利者或成功者,而某人是失败者呢?你对他们的看法,难道不是至少有一部分是受了某人的气质所影响吗?

所以,我们要调整自己的"胜败反应"——当一个人在职场表现得像一个成功者,他便拥有了成功者声誉。他的行为和声誉,就会使他成为一个成功者;如果一个人表现出失败者的行为,人们便都认为他是一个失败者,并且以失败者身份来看待他,这将更使他成为一个失败者。

1. 在战斗来临时,永远要摆一个胜利的姿态

何谓胜利的姿态?

就是当你在朝自己的目标努力的时候,所应当有的一种坚定和自信。哪怕当你知道成功的机会很渺茫,也应该拿出胜利者具有的积极心态去做最后的努力和拼搏。甚至是在你失败后,也应该坦然地打起精神,摆一个胜利的姿态,为自己的下次行动打气。

摆出胜利的姿态并非自欺欺人,而是让自己专注到那些有意义的事情上。摆一个胜利的姿态其实是一种不卑不亢,唯有这样,你才能胜不骄败不馁,迈向更高的成功。

美国前总统克林顿当年与白宫女实习生莱温斯基的性丑闻不仅让其陷入前所未有的危机,他的妻子希拉里也因此受到牵连,希拉里在伤心痛苦的同时不得不承受丈夫即将被弹劾的压力。丑闻曝光后,国会准备就克林顿总统弹劾案投票表决。

最终,原本在总统弹劾问题上就栽了跟头的民主党支持率一路下降,希拉里以前的努力在顷刻间化为乌有,她为了支持克林顿失去了平生积累的所有。但是希拉里没有一味陷入悲伤,没有在感情的泥潭中苦苦挣扎,相反,她摆出了一副胜利的姿态,开始忘我的工作,以争取机会,扭转局势。希拉里曾经意味深长地对一个朋友说:"我想得神经衰弱,但我没有时间。"之后,她展开了行动。

希拉里每天早上坚持到白宫内的健身室锻炼,之后她开始疯狂地工作。希拉里乘坐大巴横跨美国全境,呼吁民众支持民主党,在20个州举办了针对国会议员中期选举的后备会议。希拉里不放过任何一个为民主党获得支持的机会。她接受了全美各地邀请访问的电话,在访谈中努力为民主党扭转颓势。

最终,希拉里以非比寻常的精神力量挽救了民主党。国会议员的中期选举被评价为历史上绝无仅有的大逆转,民主党风光获胜。

只要你在危机面前摆一个胜利者的姿态,积极应对,就能转败为胜。同样,落实到职场上,这个"姿态"可以分为具体的7个步骤,我们一起来看一看,照着做,你会给人感觉,你是一个胜利者。

1)进行一次全面的工作分析。

要经过以下几个步骤——

审查工作的正式文件:

看看最近期的工作描述。找出工作的主要目标,确定优先事项。

看看近期的阶段性表现评语。这些评语应该可以看出你的哪些表现得到了奖励,哪些表现受到了惩罚。

看看有没有什么培训是可以帮助你更加好的去适应你要扮演的角色。确保你参加适当的培训,尽量对自己将要参与的工作角色有所了解。还有,要清楚你即将参加的活动,可能需要什么样的技术或要求。

如果上述这些你都没有办法做到,那么你应该清楚哪些是你的角色、责任,以及目标和绩效评估标准。通过与老板的沟通,你是可以把工作作好的。

2)理解组织的战略。

工作必然有其存在的意义,而这个意义取决于你所在组织单位的策略。这个策略一般都会在任务说明中出现。换一句话说,你应该知道要怎么去做,才可以让组织获得最大的利益,实现组织的任务和使命。

要认真研究,看看自己要怎样工作,才可以对组织的任务起到帮助。当你发现什么对组织有帮助时,也就找到了自己工作的重心了。

3)了解组织文化。

同样的,每个组织都有自己的文化,以及长期来形成的价值观念。哪些是对,哪些是错,哪些事情被认为是很重要的,这些都因组织的不同而不同。如果你新到一家公司,那么你可以通过一些老员工了解清楚这些价值观。

问一问自己,哪些项目是适应这些价值观。你的项目强化公司的文化吗?还是违背了这些公司文化呢?透过文化的镜头,想一想公司的文化是否认同你的做法。

检查一下你的工作重心是否和该公司的文化是一致的。如果不是的话,你应该做出标记。

4)去了解那些成绩最优秀的人,他们是怎么成功的。

无论是在组织内部还是在社会上,有一些是和你扮演的角色相同的人士,他们为什么被人们视为成功的典范呢?

去了解他们如何工作,以及他们在这方面的成就,看看他们做什么,并从中学习。你要清楚哪些技能使他们成功,并去学会这些技能。

5)了解你事业的走向。

如果在你工作的时候，发现自己根本就没有想过工作计划及事业走向，那么，你在这个工作中，并没有得到任何的提升。

当你在规划自己的事业时，必须保证自己有可能被提拔到更高的职位。如果你无法确保这一点，那么这确实是一个很严重的问题了。记下来，确保自己能去实现它。

6)确保你需要的人力和资源都充足。

你必须要检查，看自己的人手是否够，还有资金、资源和培训这些是否都做到位了。如果你有任何一项没做到，那么必须记录下来，想办法做到人力和资源都充足。

7)和老板交流。

在这一阶段你应该对你的工作有个很详细的了解，并且要时刻知道自己的目标是什么。

你应该对那些缺乏目标，或缺乏资源，或者前后不一致的问题，有个很好的补救方法。你还要对实现的情况很了解。

以上工作中可能出现的问题，都有可能影响到你的工作表现。

你也应该和老板交流，向他(她)分析你的目标和可能获得的受益。此外，对于工作过程中的问题，要很好的去解决，否则将会影响你的工作表现，以及你的未来。

2. 给失败找方案,防止消极结果的产生

职场中遇到失败在所难免，但不同的人对待失败的态度是不同的。有的人很快就能从挫折中站起来，积极投身工作;有的人会自怨自艾，一蹶不振，把自己定义在失败之列，缺乏进取心。

失败不可怕，但如果不能及时调整，而使心理失衡，不仅会影响自

己的工作、生活,还严重影响自己的健康,给身边的人以负面影响。

首先,我们要知道,是哪些性格导致了你的失败?

自以为是:自以为是的人,一般都处理不好与周围人的关系。与人处不好关系,就不能形成长久的合作。与人合作不好,怎么能成大事?

知足:只要有吃有穿,腹饱体暖,就感到满足。这种人对生活没有一点欲求,怎么会创造富有与成功呢?

自满:自己的总是最好的,甚至认为自己应该成为别人效仿的标准。这种人不屑于与外界来往,他们根本不知道社会进步到什么程度,怎么可能有更高的追求呢?

保守:这种人的生活全凭过去的经验,没人走过的路他不敢走,没人做过的事他不敢做。这种人也许早已经看到自己的现状不如别人,甚至差得很远。但他们不是去创造财富以迎头赶上,而总是想到马失前蹄。因此,新的东西没有得到,旧的东西反而丢失了。

怯懦:保守性格的人具有怯懦的因素,但这里所指的怯懦是另一种人。这种人主要的特点不是恋旧,而是胆小,总是怕这怕那。哪一种成功不冒风险呢?

懒惰:一是身体懒惰,二是大脑懒惰。身体懒惰的人光想不干,大脑懒惰的人光干不想。身体懒惰的人每次想的都是不同的问题,说不准还会有些新的思想和念头,但什么都不干;思想懒惰的人一辈子干的都是同样的工作,但从来不考虑改变什么。这两种懒惰一般很少出现在一个人身上,因为身体和大脑同时懒惰,结局只有死亡。

孤僻:赚钱就是把别人的钱变成自己的钱。不与人打交道的人,怎么可能赚到钱呢?

狭隘:一是心胸狭隘,二是视野狭隘,三是知识结构狭隘。狭隘的人一般都有严重的自恋情结,这种性格的人,也是很难与人和社会相处的,并且最容易伤害人,是天生的失败者。

自私:不想奉献,只想占便宜,这种人最终不会获得成功和财富,而只能拥有自己——形影相吊,顾影自怜。

骄傲:有一点成绩就忘乎所以,这种人也许会成功,但很快又会丧失他获得的一切。这种人最容易犯错误,每个错误都是他失败的积累。这种人的心理最脆弱,既经不起成功的喜悦,又经不起失败的打击。

狂妄:这种人在哪儿都不受欢迎,尽管他的口气很大,能力也许很强,但是一定会招来周围的人群起而攻之,以致丢盔卸甲,兵败乌江,最终一无所有,成为可笑的唐吉诃德。

消极:消极的人往往给人一种不慕名利的虚假印象,但其实是极度消极的心态。什么都不想,什么也不去做。即使有再强的能力,终生也将一事无成。更可怕的是他却自认为很聪明,什么都能看透,因而看不起别人。他最容易老,晚景也最凄凉,因为他有能力敏锐地感受贫困和失败。

轻信:容易轻信的人,往往给人一种有品格有修养的错觉,其实轻信是他的人性弱点。比如轻信朋友、下属、合作对象;轻信自己的智慧、知识;或轻信权力、机遇、经验……要知道,做生意赚钱是一种个人目的非常明确的事,也是一种以利益为根本的事,同时又是冒风险的事。所以,轻信的性格最容易把利益拱手让给他人,或把成功交给失误。

多疑:轻信的另一面是过分的多疑,这是商家之大忌。多疑的最大特点是把能够帮助自己的力量冷落在一边,从而形成孤军奋战的艰苦局面,以致使成功离自己越来越遥远。

冲动:冲动的人往往多情。一冲动起来就随便许诺,信口开河。但许诺不能兑现,会极大地损害自己的信誉;而一旦轻率地泄露了自己的经营秘密,别人就会乘虚而入。冲动还有一个缺点是轻易做决策。这种轻率的行为本身,很可能就是失败——根本不需要等到结局发生。

不论你是否具有以上所有缺点,但了解总不是坏事,因为回避恶习是每个人的责任。那么失败后,如何才能防止消极结果的产生呢?

方案一、将你的痛苦向你认为值得信赖的人倾诉。

适度倾诉,可以将内心的痛楚转化出去。倾诉作为一种健康防卫方法,既无副作用,效果也较好。如果倾诉对象具有较高的学识、修养和实践经验,将会对挫折者的心理给以适当抚慰,鼓起你奋进的勇气,并引导你朝正确的方向前进。通常受挫者在一番倾谈之后会收到意想不到的效果。

方案二、寻找你的优势,要看到还有很多不如你的人。

人们在遭受挫折后常常会认为自己是这个世界上最倒霉的人了。如果这时冷静地看一下周围的人,你会发现其实还有很多人的状况比你还要惨。你会发现在职场上比自己受挫更大、困难更多、处境更差的人到处都是。所以,面对挫折时,首先你应通过挫折程度比较,将自己的失控情绪逐步转化为平心静气。其次是寻找分析自己没有受挫感的方面,即找出自己的优势点,强化优势感,从而扩张挫折承受力。这是事物相互转化的辩证法。挫折同样蕴含力量,处理得好即可激发你的潜力。

方案三、进行自查自省,从挫折中寻求进步。

所谓"覆水难收",事情已然发生,谁都没有回天之力。此时你要承认事实,细细品味"失败乃成功之母"这句话,然后认真分析、审视自己的受挫的过程,多从自身找原因,克服工作中自身存在的问题。

方案四、进行职业规划,设定调整可行的阶段目标。

职场上的挫折会干扰我们原有的工作步骤,毁灭了原有的目标,但也能让我们反思,之前所走的路是否正确,是否真的适合自己,是否按照你的规划,你的意愿在进行。不可否认的一个事实是,有很多人是"跟着感觉走",他们目标不明确,不知道自己究竟想要什么,走一步算一步,信奉"船到桥头自然直"。因此,这类人不仅容易遭遇挫折,遇到挫折后也会更加迷茫,更加没有方向,抵抗挫折的能力也就更差。

挫折后重新审视自己的职业目标是否合适非常重要。如果大方向没错,那就考虑你的方法或阶段目标是否合适。目标的确立,需要分析、思考,这是一个将消极心理转向理智思索的过程。目标的确立,犹如心中点亮了一盏明灯,人会生出调节和支配新行动的信念和意志力,从而排除挫折和干扰,向着目标努力。新职业目标的确立标志着你已经从心理上走出了挫折,开始了下一阶段的生涯历程。

不管当前的挫折处理的怎么样,我们都要调整心态,放松心情,放下包袱,轻装上阵,无论得失都能坦然面对,如此一来反倒容易从失败的阴影里走出来。

其实,失败计划里深藏着求生的意愿、成功的契机和超然的心绪。只要我们学会正确对待挫折失败,才能在以后的工作中少走弯路、少犯错误,才能取得更大的成功。

3. 胜利和失败的尴尬——患得患失看职场胜败反应

场景一:被动升职,这样的胜利不要也罢

在这个一年中跳槽的黄金季节,犹如江湖上所谓"乱世出英雄"的大时代里,难免有一天早晨当你走进办公室的门时,赫然发现你的上司也加入了另谋高就的行列,于是群龙无首的局面下,老板慷慨激昂地宣布,你现在是这个业务部的经理了。

你想都没敢想过,除了惊讶之外,你一时之间也很难再想到别的了。好运怎么会落到你头上呢?本来是件值得高兴的事情,你却反而开始失眠,为如何当好一个领导而烦恼。你很怀念做普通职员的日子,搞好自己的工作就行了,不需要为别人操心。而现在,你不但要在总经理办公会上为本部门"争地盘",还要与拿出自己的看家本领来摆平手下。对于之前从未接触过任何管理工作的你而言,这些事让你每天都紧张得不行,心情烦躁不安,你开始想还不如不升职的好啊。

专家点评:

职场调查显示,有60%以上的职业女性升迁属于这种"被动生职",这一结果反映出众多白领丽人的对于未来的缺少规划,盲目跟进,享受天上掉下的"馅饼"。素不知这些"馅饼"实质是人生最大的陷阱！人们普遍的观点是：官越大越好，薪水越多越妙。然而无数的"高薪抑郁病患者"已经证明了这种"扭曲"的价值观的荒谬，那么我们该如何面对这种困境呢？

胜利策略：

首先明确工作的目的是更好的生活，能享受工作的"狂人"毕竟只是少数，工作对于大多数人是谋生的工具；其次认清自我，知道自己"哪些可为，哪些不可为"，不要为了可怜的虚荣心而"打肿脸充胖子"，吃苦的是自己。记得：给"生活升职"才是最重要的。

场景二：心情郁闷，升职无望

职场中有时候又似乎毫无规则可言，比如说吧：为什么升职的总是你的同事，而且她也总是技不如你，而正直能干的你却得不到同样的机会？别人升迁、加薪、晋级，你却只是增加工作量而已。

论能力你不但出众，又肯埋头苦干，你的业绩遥遥领先，但是光有一技之长却不能把你带到事业的巅峰，顶多偶尔为你赢得一两句领导的表扬，而升职一直就与你无缘。你也知道自己的症结出在你不愿与同事亲密交流，在办公室里你显得冷漠高傲，你宁肯一头埋没于业务之中，也不愿与同事有密切往来。在这个有点悲哀的场景中，我们看到一些坐享其成的人在撷取你的才智后，你只会面壁暗自垂泣。

专家点评：

你一定看过美国大片《终结者》，里面的施瓦辛格一个人就拯救了地球，类似的孤胆英雄什么"蝙蝠侠""超人"那可都是美国人心目中的英雄，你是不是认为美国人在现实里也都是个人英雄主义呢？答案当然是否定的，美国公司最讲teamwork（团队合作）！在分工越来越细化的市场经济中，没有人能单打独斗，"团队合作"是一种市场经济的必然理念，独来独往者注定要被淘汰。

胜利策略：

放下"清高"的姿态,融入到集体中去,良好的人缘+出色的个人能力,升职只是一个时间问题。怎么做?那就从你每天对同事主动微笑着开始吧!

场景三:难以服众,胜利了危机却更大

职场这个江湖,有时候的风云际会让人摸不着头脑,就拿老板有权利给并不太服众的人升职来说吧,如果你是这个人的手下也就罢了,谁让老板就是老板呢,人家有这个权利嘛!顶多你消极怠工一段时间后,也就知天理而认命了,而如果偏偏不巧你就是那个被升职的人,你该如何应对你的那几个嚣张的下属呢?

说实话你也不是这个部门里最优秀的职员,现在却被任命为经理。无论如何你也兴奋不起来:原因是你的手下有好几个"重量级"的人物,你的任命通知下来的那一天,他们的脸色都很难看。有的人心里不高兴可嘴上不说,你看他整天比谁都高兴似的,问他他也说支持、配合新领导什么的,可实际上呢,就是不干事。而你知道这个部门离开他们还真是难以运转得了,你觉得自己很冤枉,却没有地方倾诉,你请清楚楚地知道自己正面临着前所未有的职业危机。

专家点评:

这个案例让我想起那句话"说你行你就行,不行也行。"其实我们发现,有好多人并非真的不行,而是被那些"重量级"人物搞的"说不行就不行,行也不行了。"

胜利策略:

首先"战略上藐视敌人",树立信心,既然我被提拔,那一定有我的过人之处,也许自己还未意识到,但我一定可以做好这个职位。其次"战术上重视敌人",切不可把傲气表现出来,自信是给自己的,要别人对你"信服",不妨采取"糖果政策",时常给下属一些"小糖果"小好处,使他们安心卖命,"大事明白小事糊涂"就是这个道理

场景四：主动经营，主动胜利

办公室里的几个人正在悠闲地享受着冬日的好天气，他们很满足自己目前的白领生活，得意于能在繁忙的工作中，找到偷闲的机会：比如开个小差，和随时弹出桌面的隐身QQ企鹅头聊一会儿。

你是一个新人，默默地干着份内的和份外的工作：早上，别人还没到，你就开始打扫办公室。然后在同事们面前的办公桌上，放一杯你沏好的茶或咖啡，而他们竟也消受起这样的生活来。N多需要跑腿的活儿，你都包了。晚上，当其他人飞快地奔向电梯回家的时候，你不言不语地收拾一天下来凌乱的办公室，然后坐下来加一个班，搜索一个白天业务会上提到的关键数据，你知道这对公司相当重要。第二天的技术会上，当老板问到为何没有人知道这个确切的数据，你不慌不忙地发言了，让所有的人不得不佩服。

没过多久，老板提拔你做了这个公司里重中之重的设计部主任，你后来居上升职成功，在你的眼中，没有什么能不经过苦心努力经营而得来的，升职也是一样。

专家点评：

敬业、勤奋的员工是为任何一个老板所欣赏的，努力工作是升职的必要条件，但请记住绝对不是充分条件。

胜利策略：

保持你的优势，继续"苦干"，但千万不可"埋头"，要时刻提醒自己：看清方向，升迁是综合多方因素的结果。平时要注意与同事的关系，尽量"亲密"，切不可给人"一颗红心献岗位，拼命原来为升迁"的感觉，需知枪打出头鸟，韬光养晦是上策。

4. 调整胜败反应的心态——淡定面对得失，笑看荣辱成败

现代社会，随着生活节奏的加快和各种需要的日益增多，每个人的内心都难免有些超负荷，有时候我们会感觉心有余而力不足，烦恼也会随之而来。

所以，我们要以平淡的心态去看待胜利与失败。

传说，在法国一个偏僻的小镇，有一处特别灵验的泉水，可以医治各种疾病。有一天，一个拄着拐杖，只有一条腿的退伍军人，一跛一跛地走过镇上的马路。旁边的居民带着同情的口吻说："可怜的家伙，难道他要向上帝祈求再有一条腿吗？"

这句话被退伍的军人听到了，他转过身对他们说："我不是要向上帝祈求有一条新的腿，而是要祈求他帮助我，让我有一颗平静的心，叫我在没有一条腿后，也知道如何过日子。"

这位军人，失去的已经够多了，但他坦然地接纳了这个事实。他向上帝祈求的同时，已经得到了平静的心。很多时候，人们总是期望获得，害怕失去。但如果我们能够从失去中吸取到足够的经验与教训，避免之后失去更多，就应该庆幸。倘若我们能看得更远、更淡、更超然一些，或许就会变得勇敢，变得无畏，变得自信，有了这些，成功自然水到渠成。

在意志消沉的时候，要学会看看自己的优点，这样心情会好很多。每个人都有自己喜欢的事，只是有些人发现了能认真去做好，而有些人却并不清楚自己的喜好。要想发现自己的兴趣，最有效的方法就是认真对待平时看似无聊单调的生活，多听、多看、多做、多交友、多交流。

人生就好像爬高山，不会总是一帆风顺，但你要对自己有信心，相信所有的事情都是会过去的。在日常生活中，我们无法回避不开心和

痛苦的事,那么,怎样能让自己在经历这些伤心和痛苦之后还能开心起来呢?

真正的快乐源于对痛苦的领悟,没有经历过痛苦的人生是无法感受到快乐的,我们只有正确面对痛苦,理智地剖析痛苦,才能学会放弃,才会懂得珍惜,让痛苦成为人生中的一笔财富、一段经历、一份回忆、一种领悟。

每个人都有自己要面临的问题,人生的烦恼好像总是如影随形,不论你想得开想不开,日子还是一天天地过去。开心也是一天,不开心也是一天,还不如学会调整心态,用积极的心理暗示来使自己愉快。你可以对自己大声说:我真的很愉快,以随时调整心情。只要坚信快乐是你的,开心就会与你相伴。

人常常执著于各种难以满足的欲望,从而生出无尽的烦恼与痛苦,倘若能深刻体会富贵功名与幸福美满由德而生,失德而散之理,你就不会再为世俗表相的利益而伤害他人。

在职场上,有的人会不择手段地获取胜利,这种用心与诸多手段经常是靠伤害他人来达到目的的,于是同事之间会为利益明争暗斗,即使表面能维持和谐的气氛,私底下也仿若战场相遇的敌人。长久下去,无论谁获得了什么利益,都会破坏人与人之间那种真诚的关怀与相互的信任,进而造成人际关系普遍疏离的社会现象。

所以,人生要有追求,但不要强求,这样,人就会变得洒脱、快乐,人生就会变得充实而有意义。让我们学会平淡地看待生活,珍惜已经得到的,努力追求能够得到的,这样的人生就足够精彩。

有句话说得好,"天下本无事,庸人自扰之。"人的很多烦恼都是自己找的。我们的心情不够乐观、我们的心胸不够豁达,我们在成功者面前自叹弗如、在富有者面前无地自容,我们抱怨生活、埋怨上苍,因而我们永远无法得到真正的快乐,无法卸下心中的那一块石头。

克里姆林宫里有位尽职尽责的清洁工,他说:"我的工作和叶利钦的工作没什么不同,他是在收拾俄罗斯,我是在收拾克里姆林宫。我们每天都在做自己应该做的事。"如果我们每个人都能以这位清洁工的良好心态去面对生活，那么我们都会快乐起来。

本章链接：寓言故事帮你减轻压力

1.肩上的背篓——生活压力

生活中的压力是无处不在的，可是，有压力并不意味着是坏事，我们肩上的压力越大，说明人生的收获就越大，因为只有从这个世界不断捡到想要的东西的人，肩上的压力才会越来越大，如果你明白了这个道理，还会抱怨压力吗？

有位年轻人感觉生活太沉重了，自己已经无力承受，于是便去请教智者，让他帮助自己寻找解脱的办法。智者什么话也没说，只是让他把一个背篓背在肩上，然后指着一条沙砾路说："你每往前走一步，就捡一块石头扔进背篓，看看是什么感觉。"

当年轻人走到了尽头时，智者问他有什么感觉，年轻人说感觉肩上的背篓越来越重。

我们每个人来到这个世上，肩上都背着一个空篓子，在人生的路上，我们每走一步，就要从这个世界上捡一样东西放进背篓，所以我们会感到活得越来越累。

这时，年轻人就问智者："有什么方法可以把这种负担减轻？"

智者问："你愿意把工作、家庭、爱情、友谊和生活中的哪一样取出来扔掉呢？"

年轻人沉默不语，因为，他觉得哪一个自己都不愿意扔掉。

这时，智者微笑着说："如果你觉得生活沉重，说明你已经拥有了全面的生活，你应该感到庆幸。假如你失去其中的任何一种，你的生活都会变得不完整，这样你愿意吗？你应该为自己不是总统而庆幸，因为他肩上的背篓比你的还大还重,但是,他可以把其中的任何一样拿出来吗?"

年轻人终于明白了生活的道理,他认真地点了点头,并且露出了开心的笑容,好像突然明白了很多道理,心里感到非常轻松。

点评: 就像那位年轻人所感受到的那样,生活中的压力是无法消除的,你越感到压力的沉重,说明你的生活很丰富,你所拥有的生命很厚重,人生便有了意义。背负压力,负重而行,虽然是一件很痛苦的事情,可是,没有负重而行就难以体会到无负重的轻松愉快,没有负重而行,就不会有什么责任,也就无所谓什么克服困难而取得成就,更不可能体会到上坡之后那种如释重负的快感。没有负重的生命不是完整的生命,没有负重的人生不是圆满的人生,所以我们要以积极的心态去面对压力,要看到压力的正面意义。

解决压力要注意方式方法,以让我们要有一个健康、快乐的心态。世界是美丽的,充满了阳光和温暖,我们要学会欣赏、接受和追求。生活中的痛苦总是难免的,可是你要明白,不管多大的痛苦总有烟消云散的时候,快乐才是勇敢积极面对生活的人应该得到的回报。不要在人生的道路上迷失方向、不要为压力所困、不要自轻自贱、不要贪得无厌,我们应珍惜自己手中的幸福,让生活中的每一分钟都过得多姿多彩!

2.庸人自扰——压力放大镜

有个农妇不小心打破了一个鸡蛋,这本来是很平常的一件事情,可这个农妇却发挥着自己丰富的想象力:一个鸡蛋经过孵化后可以变成一只小鸡,小鸡长大后成了一只会下蛋的母鸡,这只母鸡又可以下好多蛋,这许多蛋又可以变成许多小鸡……如此循环下去,就会有数不尽的鸡,那无数只鸡会和一个农场养的鸡一样多。想到这儿,农妇失声叫道:"怎么办!我毁掉了一个养鸡场!"

点评: 人们常常把普普通通的一件事想得非常严重,无形中加重了心理上的负担,给自己带来了很多烦恼扰,可以说这是在自找麻烦。

把损失一个鸡蛋的痛苦放大成失去一个养鸡场的痛苦,这个寓言故事可能会让你觉得荒唐可笑,让你觉得现实生活中不可能会有那样大惊小怪的人,可是,生活中确实就有这样的人,他们常常会把现实中的压力在心里无限地放大,以致自己吓自己,让自己非常痛苦。放大的痛苦可以把一个人打得再也站不起来。

上班路上,因为碰上塞车,让自己迟到,是难以避免的一件小事,可是有人就会把这种不好的后果放大。他想到,迟到肯定会受到领导的批评,同时还会损害自己在领导心中的印象,领导不看好自己,那么即使有升职的机会他也不会给自己,自己在公司就永远也没有出头之日了,自己没机会升职,工资便永远也没有机会上涨,那自己的生活条件也就永远没有机会改善了,这样不停地想下去,他觉得人生好绝望。那些常常觉得压力太大,活得太累,痛苦永远无休无止的人,很可能常常犯一种错误——把痛苦放大。生活之中,谁都可能犯错,谁都可能遇到不幸,可是只要我们正视眼前的压力,就事论事,不把压力放大,不追悔以前,也不担心未来,压力就会被局限起来。相对的压力就减少了,人生便会变得轻松起来。